KREUZ & QUER DUCHRS JAGDREVIER

JAGEN IN DEUTSCHLAND UND NAMIBIA

Impressum

ISBN 978-3-7888-2067-1
1. Auflage 2022
Printed in Germany

**Erschienen in der Edition Jägerleben
im Auftrag des Verlages
J. Neumann-Neudamm**

c/o NJN Media AG
Schwalbenweg 1
D-34212 Melsungen

info@neumann-neudamm.de
www.neumann-neudamm.de

INHALTSVERZEICHNIS

Für Dagmar

Den Rucksack am Buckel, die Flinte im Arm, durchstreife ich Felder und Wälder!

Diese Zeile gehört zu einem Jägerlied, das ich vor vielen Jahren einmal gehört habe. Eduard von Wosilowsky hat sie als Untertitel für sein interessantes Buch „Wenn die Heide träumt …" verwendet. Schon damals hat mich das Lied, von dem ich nicht weiß, wer es einmal geschrieben hat und wer der fantastische Sänger war, stark berührt. Wenn ich mich recht entsinne, lässt es den wilden Jäger ähnlich wie in der Hubertussage vor weiteren Aktivitäten Abstand nehmen, als er in die (Augen-)Lichter eines vermutlich weiblichen Stückes Rehwild schaut. Vielleicht war es aber auch ein hübsches Mädchen? So weit, so gut. Allerdings hat mich nicht minder die im Lied vorgetragene, scheinbar noch problemlose Pirsch in Gottes freier Natur begeistert. Das war leider zu dem Zeitpunkt, als ich dieses wunderschöne Lied hörte, in den meisten unserer Reviere schon nicht mehr möglich. Was allerdings weiterhin möglich war, war das romantische Empfinden, das uns der Text des Liedes dabei suggerierte. Wie viel ein jeder von uns in dieser Richtung hierbei verwerten und umsetzen kann, ist absolut individuell. Und das ist gut so. Für mich hat die Romantik im jagdlichen Geschehen schon immer einen hohen Stellenwert gehabt.

Habe ich am Anfang meiner jagdlichen Aktivitäten tatsächlich für einige Jahre fast ausschließlich mit Rucksack und Flinte zugebracht und viel dabei erleben dürfen, so gewann alsbald aufgrund sich verändernder Wildbestände und -besätze der Gebrauch der Büchse die Oberhand. Der Rucksack war nur noch für ganz wenige Aktivitäten im Einsatz. Mittlerweile ist er lange in Rente. Das heißt zeitweise, denn auf den großen Bewegungsjagden sorgt er für Speis und Trank, frische Klamotten und Reservepatronen. Ist die Saison gelaufen, landet er wieder am Garderobenhaken. Bis zum nächsten Einsatz. Und dennoch, oft fällt mir auf Ansitz die o. g. Zeile ein und lässt sofort Bilder vor dem geistigen Auge erscheinen, die diese Zeit und eigene Erlebnisse wiederbringen. Wunderbar! Erinnerungen sind wichtig und kostbar. Schaffen Sie sich, verehrte Leserinnen und Leser, Erinnerungen. Einige meiner diesbezüglichen Erinnerungen aus der Heimat, aber auch fernen Revieren möchte ich Ihnen nicht vorenthalten. Eben, kreuz und quer durchs Jagdrevier. Auch habe ich mich wiederum bemüht, durch die Kürze der einzelnen Kapitel ein vielfältiges Erleben im jagdlichen Geschehen erzählen zu können. Und wenn ich in meiner langen Jägerzeit auch in Polen, Schweden und Kanada gejagt habe und faszinierendes erleben durfte, so war mir Namibia und vor allem mein Heimatrevier immer Herzenssache! Um Sie, verehrte Leserschar, ein wenig „anzukirren", möchte ich einige Zeilen eines Gedichtes von Franz von Kobell zitieren:

Und wenn es nichts um's Jagen wär',
Als frei im Holz zu streifen,
zu lauschen, wie der Kuckuck ruft
und wie die Finken pfeifen,
zu atmen frischen Tannenduft
und taugekühlte Morgenluft,
es wär' genug der Lust dabei
zum Lob der Jägerei.

Ich wünsche Ihnen, verehrte Leserinnen und Leser, viel Spaß beim Studieren der folgenden Zeilen.
Heinz Adam

Dünenkeiler!

So nannten wir scherzhaft die Karnickel, die wir im Herbst scharf bejagten. Auf den vom Altholz geräumten Flächen wurden Laubhölzer gepflanzt, und diese mussten aufgrund des starken Kaninchenbesatzes gegattert werden. Jedoch, ein Gatterzaun ist für die Lapuze kein wirkliches Hindernis. In den Gattern befanden sich zusammengeschobene Erdwälle, die den Kaninchen optimale Möglichkeiten boten, darin ihre Röhren zu buddeln und ordentlich für Nachwuchs zu sorgen. Da es Rehwild seinerzeit ebenfalls in überhöhten Beständen gab, war ein anderes Vorgehen, um die Pflanzen aus dem Äserbereich zu lancieren, nicht möglich. Wenn anfangs die Aktionen auch noch jagdliche Freuden spendierten, so wurde bei allen Teilnehmern, die wochenlang jedes Wochenende vom Förster nachhaltig „eingeladen" wurden, der Elan allmählich schlapper. Was haben wir in den vergrasten Flächen Karnickel geschossen! Es war an manchen Tagen schier unmöglich, mit dem überfüllten Rucksack noch ordentliche Trefferleistungen zu erbringen. Wenn dann auch noch der Hühnergalgen der Patronentasche zum Karnickeltransport missbraucht wurde, war es an der Zeit, unterwegs „Depots" anzulegen. Ich denke, dass mancher Waldbesucher nach Kenntnisnahme der Karnickeldepots das ein oder andere Kanin zwecks

Den Rucksack am Buckel …

Braten in die Tasche gesteckt hat. Ab und zu hatten wir den Eindruck. Das war bei der Gesamtmenge der Strecke jedoch zu verkraften. Zumal es für diese Wildart nicht unbedingt gleich an jeder Ecke Kundschaft gab. Manch einer, dem wir die Kaninchen anboten, winkte ab. Bei Nachfrage ergab sich meistens, dass bei der Zubereitung des Bratens vorher die sogenannte Kaninchendrüse, die zu beiden Seiten des Waidloches in der Muskulatur liegt, nicht entfernt worden war. Dann, ja dann, mein lieber Wildbretfan, wird es feierlich. Das kann man nicht essen. Die ganze Wohnung stinkt während des Bratenvorganges nach Rummelplatzlatrine. Und so schmeckt es auch! In meiner Familie gab es damals oft Karnickel, ohne Drüsen, auf dem eigenen Speiseplan. Immer dann, wenn der Förster der Not gehorchend die nicht absetzbaren Mengen unter uns verteilte, war aufgrund seinerzeit noch nicht vorhandener Kühltruhe eine alsbaldige Verwertung angesagt. Irgendwann kann man dann kein Karnickel mehr sehen. Riechen auch nicht. Alles, aber auch wirklich alles stank nach Kaninchen. Die Klamotten konnte man ja gottlob durch notwendige Waschmaschineneinsätze wieder mit einem anderen, angenehmeren Geruchserlebnis versehen. Das Innenleben meines Autos hingegen nicht. Ich habe es nicht selten erlebt, dass Nebennutzungskunden, die ich zum Einsatzort ihres potentiellen Brennholzes kutschieren musste, mich süffisant von der Seite musterten und krampfhaft versuchten, an mir die Quelle dieses doch recht intensiven Miefes zu ergründen. Aufklärung darüber, wer die wahren Übeltäter waren, kam eigentlich nie an. Allein meine Hunde brachten diesem Flair Verständnis und auch wohl ein klein wenig Liebe entgegen. Liebe wohl deswegen, weil dieser Duft ihnen Karnickeljagd suggerierte und es sich dabei herrlich im Auto pennen ließ. Auch das gehört zur Jagd.

Unsere Mannschaft hatte sich am Innenzaun des ersten heute zu bejagenden Gatters aufgestellt. Wir waren fünf Flinten, Drahthaar und Münsterländer wurden geschnallt. Mit großen Sätzen nahmen sie das hohe Gras an, und schon ging der Zirkus los. Die beiden Flügelschützen waren die Ersten, die ohne Pause schossen. Dann suchten die Kanine ihr Heil in der Flucht nach hinten. Dort standen die anderen Schützen, das war so die übliche Vorgehensweise. Das hat sich bewährt. Nun hatten die in der Mitte der Linie laufenden Jäger alle Hände voll zu tun, um dem Ansturm der grauen Flitzer Herr zu werden. Ich hatte den Platz genau in der Mitte und war just wieder am Nachladen, als keine zwei Meter vor mir ein strammer Fuchs aus dem Gras auftauchte und den rechten Gatterrand anfloh. Bevor ich die Flinte wieder am Kopf hatte, wurde Reineke von dem rechten Flügelmann erfolgreich beschossen. Lautes Gejohle von allen Schützen, und schon gaben die Hunde wieder Laut. Auch Reineke hatte also bereits diesen stets gut gedeckten Tisch für sich entdeckt. Hätte man ihm ja eigentlich gönnen sollen!? Das, was weiterhin lief, war wahrlich Schwerarbeit mit der Flinte, das war ja ein wahrer Hexenkessel in diesem allerdings recht großen Gatter. Mehr als einmal habe ich mir die Finger an den heißen Läufen der Flinte verbrannt. Wahnsinn! Jedoch schafften es wiederum etliche Lapuze, in ihre Baue zu fliehen, sodass am Ende des Gatters klar war, dass im Laufe der nächsten Woche vor der nächsten Aktion die Röhren mit Reisig präpariert werden mussten. So konnten die Kanin zwar ausfahren, aber nicht mehr einfahren. Ich weiß, dass wir an diesem Morgen um die dreißig Kaninchen in diesem Gatter erlegen konnten. War das Apportieren der Hunde und Einsammeln der Strecke im Gatter noch überschaubar, so ging es auf freien Flächen derber zu. Hier entstanden dann die Situationen, dass der Rucksack einfach nicht mehr zu „ertragen" war und der schnellstmöglichen Entleerung bedurfte. Nach einer solchen, über mehrere Stunden dauernden Lauferei in stark begrasten Flächen, dabei fortwährend hochkonzentriert mit der Flinte im Halbanschlag das Gelände zu sondieren, hat auch die ganz jungen Leute seinerzeit geschafft. Es hat nicht selten Herbsttage gegeben, an denen wir von frühmorgens bis zur Dämmerung gejagt haben. Das war Training für die großen Jagden. Anstrengend, aber süß in der Erinnerung!

Füchse sprengen!

Immer wieder interessante Jagd. Wir haben in unserem Revier vor einigen Jahren etliche Kunstbaue angelegt und diese auch mit abwechselndem Erfolg bejagen können. Das Schöne an den Kunstbauen ist, dass man im Falle eines Falles den Hunden helfen kann, wenn Reineke absolut nicht springen will. Die Naturbaue sind da oft problematisch, und oftmals sieht man seinen vierläufigen Kameraden nicht mehr lebend wieder. Schlimme Sache so etwas. Ich musste das leidvoll durch den Verlust einer Jagdterrier-Hündin erfahren, die allerdings von einem Dachs geschlagen wurde.

Rolf, ein alter Freund aus Jungjägerzeiten, hat sein Leben lang mit Hunden zu tun gehabt. Der Förster hatte sich mit ihm und mir an einem Sonntagmorgen verabredet, um Füchse zu sprengen. Rolf brachte seinen erfahrenen Jagdterrier-Rüden Kai mit. Ein kräftiger, aber noch gut für Baueinsätze passabler Rüde. Das Dumme an diesem Tag Ende Januar war, dass auf die leichte Schneedecke ein wenig gefrierender Regen fiel. Böse Sache mit der Fahrerei auf den teilweise steilen Waldwegen.

Der erste Bau, den wir kontrollierten, war ein kleiner Naturbau mit drei Rohren. Er befand sich auf einem alten Schachtgelände zwischen einigen ca. zwanzig Jahre alten Fichten. Diese stan-

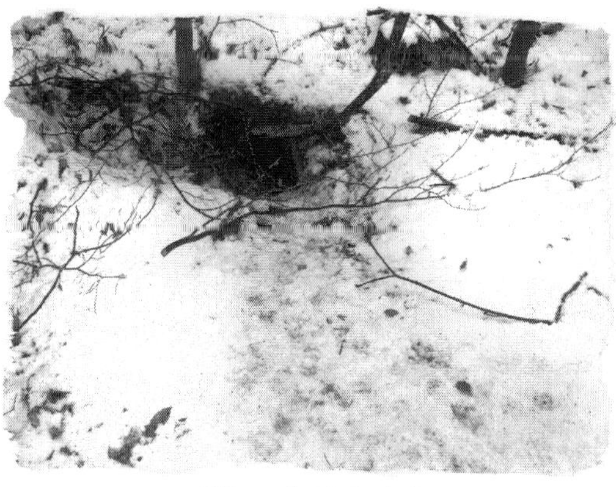

Wo steckt Reineke?

den jedoch auf den vor vielen Jahren angeschobenen Erdwällen recht lückig. Wir mussten versuchen, uns so leise wie möglich durch das Dürrholz zu bewegen, das zwischen den Fichten und rings um den Bau in Massen lag. Der Förster und ich hatten unsere Plätze fast auf „Zehenspitzen" gehend eingenommen, und Rolf ließ seinen Kai einschliefen. Sofort ging ein mächtiges Rumoren los, und, hast du nicht gesehen, bevor wir die Flinten am Kopf hatten, sprang ein Fuchs und entkam unbeschossen in rasender Flucht. Das war nichts. Da stehst du da und schaust wie eine junge Ente in ihr erstes Gewitter, würde mein alter Freund Alfred sagen. Aufpassen! Der Rüde war noch im Bau, und schon katapultierte Reineke Nr. 2 aus der gleichen Röhre. Der hatte allerdings nicht das Glück seines Vorgängers und rollierte im Schrothagel des Försters Flinte. Na bitte, das hat ja gut geklappt. Und immer noch war der Terrier nicht zurück. Nochmals aufpassen! Jedoch es verging nun eine ganze Weile, ohne dass etwas passierte. Rolf signalisierte uns, dass er sich zum Bau begeben wollte, um einmal in die Röhren hineinzuhorchen. Scheinbar war da nichts zu hören, er schüttelte mit dem Kopf und entfernte sich wieder langsam von der Röhre. Somit hieß es für uns achtsam sein und Geduld, Geduld und nochmals Geduld aufzubringen. Solche Situationen können gerade am Naturbau recht lange dauern. Ein eventuell notwendiges Graben, um dem Hund zu helfen, war an diesem Bau so gut wie unmöglich. In den angeschobenen Erdmassen, die aus Tagebau-Abraum stammten, waren unzählige Steine verschiedener Quantität eingelagert. Da kann man schon Angst um seinen Hund bekommen, wenn er nach einer Stunde immer noch nicht wieder zurück ist. Da gehen einem die tollsten Sachen durch den Kopf. Diesmal wurden wir jedoch gottlob bald aus unseren finsteren Gedanken erlöst. Ohne jegliche

Vorwarnung und ohne akustische Voranmeldung sprang der dritte Fuchs aus der Nachbarröhre und ging im Knall von Rolfs Flinte über Kopf. Unmittelbar folgte der Terrier und beutelte seinen Widersacher, der ihn so lange im Bau beschäftigt hatte. Nachdem Rolf den Rüden von Sand und Dreck gereinigt hatte, konnte er nur zwei kleinere Schmisse am Fang feststellen. Nach Reinigung der Blessuren ging es mit den Autos einen recht steilen Weg hinauf zu einem Kunstbau. Die Anfahrt mit des Försters Allrad verlief relativ problemlos, Rolf jedoch, mit seinem großen VW Variant hatte schon Mühe, auf der Eisbahn nicht hängen zu bleiben.

Glücklich angekommen, stellten wir die Autos ab und besprachen kurz die Vorgehensweise an diesem Kunstbau, der im Grunde genommen nur zwei Röhren hatte. Nachdem wir uns über die Standorte abgesprochen hatten, nahmen wir den kurzen Marsch bis zum Bau unter die Sohlen. Der gefrorene Eisregen auf dem Schnee machte einen Mordslärm, und wir mussten uns bis zum Bau, der in einem lockeren Bauernmittelwaldstreifen lag, wiederum auf „Zehenspitzen" bis auf unsere Plätze begeben. Nun waren wir, von der ersten Aktion vorgewarnt, sofort in Alarmbereitschaft. Siehst du wohl, der Rüde war kaum im Bau, als, nur als roter Strich wahrnehmbar, ein starker Fuchs die Röhre auf meiner Seite verließ. Hussa! Schuss – und schon ging das Prachtexemplar über Kopf. Ich stopfte sofort nach, und das war keine Sekunde zu spät. Fuchs Nr. 2 verließ ebenfalls die mir zugewandte Röhre und kam nach dem hingeworfenen Schuss neben seinem Vorgänger zur Strecke. Saugut!!! Das lief ja gewaltig an diesem Bau. Hier brauchten wir nicht lange auf den Rüden zu warten. Er kam sofort nach dem zweiten Fuchs aus der Röhre, kühlte zu Recht seinen Einsatzmut an den roten Freibeutern und musste sich dann eine längere ausgiebige Abliebelei gefallen lassen. Braver Hund! Nach diesem Erfolg entschlossen wir uns, noch einen weiteren Kunstbau aufzusuchen. Dazu mussten wir den ekelhaft glatten Wirtschaftsweg hangabwärts nehmen. Mir schwante schon Böses, als ich mit dem Förster den Anfang machte. Es ging mit dem Allrad ganz gut. Was nicht so gut ging, war die Abfahrt von Rolf. Ohne Vorwarnung schlidderte er vom Weg ab und ging nach rechts in Richtung Abhang. In die Spiegel schauend, konnten wir das registrieren. Sofort stoppten wir und konnten aber nur noch mit ansehen, dass Rolf mit seinem Auto, Gott sei Dank, in einigen schwächeren Erlen hängen blieb, bevor die Reise abwärts ging. Die Erlen waren stark genug, das Fahrzeug in Position zu halten. Rolf und seinem Hund war nichts passiert. Jeder Versuch, bei der Glätte den Wagen auch nur einen Zentimeter zu bewegen, ging schief. Schlussendlich entschloss sich der Förster, den Forstschlepper zu holen, um den Havaristen zu bergen. Hat auch alles geklappt. Nicht einmal das Auto hatte, bis auf ein paar Lackkratzer, einen größeren Schaden. Am Ende dieser erfolgreichen Berge- und Bauaktion waren wir der Meinung, dass vier Füchse und eine gesunde Mannschaft Grund genug seien, einen ordentlichen Schoppen zu machen. Haben wir.

Helga und Karsten sind zwei Jungjäger, die sich mit ihren Jack-Russel-Terriern bei der Baujagd nach kurzer Zeit einen guten Namen gemacht hatten. Also, kein Grund, die beiden nicht einmal um einen Termin zu bitten. Dem stimmten sie zu, und wir trafen uns Ende November am Rande eines Buchenaltholzes in meinem Pirschbezirk. Der Kunstbau lag am Südhang und hatte zwei Röhren. Nachdem ich meinen Freund Pietie angestellt hatte, suchte ich mir einen passenden Platz und gab der Hundeführerin das Zeichen unserer Bereitschaft.

Karsten hatte sich ohne Flinte unweit des Baues mit einer Videokamera in Position gebracht. Auch nicht schlecht. Wir haben uns noch viele Jahre später immer wieder über die tollen Aufnahmen gefreut. Hat man ja auch nicht alle Tage. Nun ja. Auch an diesem Bau schaffte es der erste Fuchs, sich nach einem fehlgegangenen Schnappschuss in Sicherheit zu bringen. Oh Mann!!! Verhülle dein Angesicht, St. Hubertus. Der Schnappschütze war ich. Mein lieber Freund Pietie wollte sich kaputtlachen, wurde aber jäh in seiner Laudatio gestoppt, als Reineke Nr. 2 auf ihn zusteuerte. Pietie machte es besser als ich und ließ den Roten in der Schrotgarbe roulieren. Als dem Fuchs der Terrier folgte und diesen beutelte, war klar, dass der Bau leer war. Diese Lage ermunterte meinen lieben Freund Pietie, sich nunmehr wiederum einem Lachanfall von nicht schlechten Eltern hinzugeben. Meine diesbezügliche Nachfrage, warum es der Heiterkeit so überaus viel gäbe, beantwortete er damit, dass ich bei der Schnapp-Schussabgabe einen tollen Tanz aufgeführt hätte. Ach so!? Meine Befürchtung nunmehr, dass Karsten das auf dem Video hatte, bestätigte sich glücklicherweise nicht. Jagd muss ja auch lustig sein können, nicht wahr!? Da war ich schon immer für zu haben. Wer mich kennt, weiß, dass ich diesbezüglich kein Kind von Traurigkeit bin.

Der zweite Kunstbau, den wir aufsuchten, lag unterhalb einer Geländewelle ebenfalls an der Südseite im Altholz. Der Jack Russel schliefte auch hier zügig ein, und wir rechneten eigentlich jeden Moment damit, dass Reineke vor die Flinte springen würde. War aber nicht so. Nach einigen Minuten näherte sich Helga der Röhre, in die der Hund verschwunden war. Ihr anschließender Gesichtsausdruck ließ nichts Gutes ahnen. „Die Hündin liegt vor einem Dachs“, war dann auch ihr Kommentar. Oh Mann, das war ja nun mal gar nicht gut. Das Brummen und Scharren im Bau hörte sich gefährlich an. Wir beschlossen, den Bau schnellstmöglich zu öffnen, um der Hündin zu helfen. Die Anlage war so konstruiert, dass in der Mitte ein umgestülpter, großer Maurerkübel mit eingeschnittenen Löchern eingelassen war. Oben auf dem Kübel war ebenfalls ein Loch ausgeschnitten, das mit einer dicken Waschbetonplatte abgedeckt wurde. Wenn man diese lüftete, war es leicht, einen Fangschuss abzugeben. Von den seitlichen Ausschnitten gingen jeweils Betonrohre nach außen. Tolle Sache, man konnte nun die Erde über dem Kübel abheben, die Betonplatte anheben und Reineke mit der kleinen Kugel erlegen. Voraussetzung war natürlich, dass man mit zwei Spaten die Röhren dichtmachte. Sollte es tatsächlich ein Dachs sein, wie von der Jägerin vermutet, beschlossen wir, ihm die Freiheit zu geben. Der Dachsbesatz hatte sich, auch etliche Jahre nach den elenden Baubegasungen, noch nicht wieder so toll erholt, dass man jeden Dachs erlegen sollte. Nun ja, denn man los. Die Röhren waren abgesichert, und der Forstpraktikant begann, das Erdreich sachte abzutragen. Der Terrier merkte wohl, dass wir ihm helfen wollten und machte einen Mordslärm. Sein Kontrahent nicht minder. Nun musste es schnell gehen, bevor dem Hund noch Schlimmes passierte. Wir lüfteten die Betonplatte, und schon strömte uns tatsächlich das Parfüm von Schmalzmann entgegen. Nicht schlecht. Jetzt musste es schnell gehen. Die Platte war noch nicht ganz zur Seite, als Grimbart mit ungeahnter Behändigkeit dem Kessel entfleuchte und unbehelligt von uns oder dem Terrier das Weite suchte. Der Terrier war nämlich sofort von seiner Chefin abgenommen worden, als er versuchte, dem Dachs zu folgen. Ein strammer Dachs, der da im Altholz verschwand. Das hätte ja mal im Naturbau ganz anders ausgehen können. Der kleine Racker beruhigte sich bald auf dem Arm seiner Jägerin und sorgte dafür, dass nunmehr auch sie mit einem massiven Dachsgeruch ausgestattet war. Ende gut, alles gut, kann man da nur sagen. Beginnend in den siebziger Jahren, wurde landesweit erfolgreich eine sogenannte Schluckimpfung gegen die Tollwut durchgeführt. In den Röhren der bekannten Baue wurden die Köder ausgelegt und gut angenommen. Der Fuchs- und auch der Dachsbesatz nahmen dadurch teilweise enorm zu. Die Tollwut war scheinbar erloschen. Die Jagd mit Bauhunden war eine Option, regulierend einzugreifen. Es gab also keine Gründe, dieser interessanten Jagdart auch weiterhin nicht nachzugehen.

Blattzeitnöte!

Oh Mann, das geht schief. Im Glas hatte ich Bock und Ricke, die im Liebesreigen auf der Gersten Stoppel der nahen Straße immer näher kamen. Wenn sie noch weitere zwanzig Meter so weitermachen, schoss es mir durch den Kopf, kann ich sie gleich von der Straße aufkratzen. Um irgendwie einzugreifen, war es zu weit, so um die zweihundert Meter. Wenn sie schon die vorbeirasenden Autos ignorierten, würde sie mein Rufen sicher nicht im Geringsten interessieren!? Just, als ich das doch in Erwägung zog, stoppte in Höhe der Hochzeiter ein Auto und fuhr sofort mit quietschenden Reifen wieder an. Das war nun wohl doch zu viel für die beiden. Hochflüchtig kamen sie auf der umgebrochenen Stoppel in meine Richtung. Nun aber fix die Büchse an den Kopf. Aber auf hundert Schritt ging es rechts meiner Leiter in den Bestand. Kurz hörte ich es noch knacken, dann war Ruhe. Das war knapp. Langsam setzte ich die Büchse ab und hockte mich wieder in eine bequeme Stellung. Es war ja noch früh am Abend, vielleicht würde ich die beiden noch einmal sehen. Zumal ich am Rande eines Rübenschlages saß, der sicher nach der wochenlangen Hitze und regenlosen Zeit interessant für das Wild war.

Und überhaupt. Der Rübenschlag war der Grund, warum ich hier auf einer Leiter meines Nachbarpirschbezirkes saß, der zurzeit verwaist war. Das hatte den Förster veranlasst, mich zu bitten, ab und zu einmal nach dem Rechten zu schauen. Macht man ja gern, gell!? Also, schauen wir mal. Zumal die Freigabe des männlichen Rehwildes sehr großzügig ausfiel. „Was wir dort vor der Blattzeit nicht bekommen, wird meistens totgefahren“, waren seine Worte. Das, was ich bei meiner ersten Inspektion in den Rüben gewahrte, ließ

Besser, man erlegt sie, bevor sie auf der Straße liegen.

mich erschauern. Die lieben Sauen hatten dort ordentlich gehaust. Verdammt, da musste was passieren. Zusätzlich zu der vorhandenen alten Ansitzleiter installierte ich mit den Freunden Emil und Wolfgang umgehend einen Drückjagdbock östlich davon. Dort konnte man schnell vom naheliegenden Parkplatz angehen, und man saß bei überwiegendem Südwestwind unter Wind an einem naheliegenden Wechsel, der aus dem Altholz ins Feld führte. Der erste Ansitz dort brachte nur eine Ricke in Anblick, die keine zwanzig Meter neben der Straße in aller Seelenruhe äste und sich einen Dreck um die vorbeirasenden Autos und Motorräder scherte. Wahnsinn! Ein paar Abende später trat recht spät rechts dieses Notbehelfes ein Bock auf rund achtzig Meter aus und verhoffte dort. Langsam brachte ich mich in Position, war gut auf der Mechanik des vorderen Blattbereiches drauf (eine allgemeine Empfehlung der Bleifrei-Fans) und ließ fliegen.

Seit ewigen Zeiten war mein Haltepunkt kurz hinter dem Blatt. Des deutschen Jägers Küchenschuss, nicht wahr? Wegen der schlechteren Wirkung mit bleifreier Munition bei diesem Haltepunkt kann man das zukünftig getrost vergessen. Ich habe diesbezüglich einige leidvolle Erfahrungen machen dürfen. Was ich nunmehr ebenso vergessen hatte, war, einzustechen. Meine alte Brennecke-Jäger-Büchse hat einen sogenannten Flintenabzug mit Rückstecher, wohl auch Französischer Stecher genannt. Ich bin es seit über vierzig Jahren gewohnt, das Ding zu aktivieren, bevor ich abdrücke. Hatte ich dieses Mal aber nicht. Warum? Keine Ahnung. Siehst du, alter Esel, war nichts. Keine Pirschzeichen außer einem hässlich dahergrinsenden Kugelriss im Rübenfeld. Gott sei Dank, der Bock war gesund. Den hast du sauber vorn vorbeigeschossen, flüsterte mir der alte Esel zu.

Weitere Ansitzabende brachten vorläufig nur weibliches Rehwild in Anblick. Von Sauen keine Spur. Umso besser. Auch liebe Freunde halfen mir bei der Bewachung des Feldes. Auch sie bekamen außer Rehwild nichts in Anblick. Nach geraumer Zeit hockte ich abends auf der alten Leiter und hatte in beginnender Dämmerung urplötzlich meinen „Gefehlten“ links von mir im Feld stehen. Leider auf über einhundertfünfzig Meter und im Hintergrund die stark befahrene Straße. Hoffentlich hatte er nicht die Absicht, diese zu überfallen. Nein, hatte er nicht. Flott zog er nun auf meine Leiter zu. Dabei musste er unweigerlich in meinen Wind kommen. Zügig hatte ich ihn im Zielfernrohr, alles war dieses Mal an der Waffe eingerichtet. Auf fünfzig Meter verhoffte er, hob den Windfang und versuchte wohl den Geruch des Jägers zu deuten, der ihn spitz von vorn im Glas hatte. Ich merkte, dass der Bock unruhig wurde. Was tun? Spitz von vorn, nee, geht nicht an. Was soll aus dem Wildbret werden? Unsicher trat der Bock auf der Stelle, hob immer wieder den Windfang und machte eine abrupte Bewegung nach rechts, Richtung Bestand. In diesem Moment fasste ihn die Kugel. Haltepunkt Blattmechanik. Der Bock quittierte den Schuss mit einem gewaltigen Satz nach vorn und war im Nu im Bestand. Dort kurzes Rauschen, Ruhe. Puh, die Kugel hat er. Nach einer viertel Stunde ging es zum Anschuss. Trotz der mittlerweile starken Dämmerung konnte ich im Schein der Mini-Lampe Lungenschweiß an den Rüben erkennen. Gottlob, da konnte er nicht weit sein. Langsam folgte ich der roten Fährte, bis ich nach zehn Metern am Bestandesrand an einen Brombeer-Horst gelangte. Toll, da steckt er drin. Hinein, egal, weit konnte er nicht sein. Noch ein Schritt und noch einer, die Brombeeren streicheln dabei intensiv meine Waden. Toll, und, ich stehe am Bock. Nachdem ich ihn glücklich aus dem Stacheldschungel geborgen habe, lege ich ihn an der Feldkante zur Strecke, verbreche ihn, stecke mir den Schützenbruch an die Mütze und hocke mich einige Minuten zum Bock. Ein braver, kurz vereckter Sechser. Nichts Aufregendes, aber ein weiteres faszinierendes Erleben. Diana war wiederum gnädig mit mir.

Diesem Erlebnis nachsinnend, saß ich einige Tage später wiederum auf der alten Leiter.

Nun hörte ich, nachdem ich aus meinen Bock-Träumereien wieder munter in die Gegend schaute, leises Knacken hinter mir im Bestand. Sollten das die Hochzeiter von neulich sein? Ich nahm schon mal eine günstigere Position in der zu vermutenden Richtung der eventuell austretenden Stücke ein. Tatsächlich. Da zog flott die Ricke in die Rüben, verhoffte kurz, äugte zurück und fing sofort an zu äsen. Aha, sie ist nicht allein. Es rauscht in den Rüben, da ist der Bock, äugt zur Ricke. Die geht umgehend flüchtig ab und … nein, bloß das nicht, in Richtung Straße. Ich habe den Bock im Glas und komme auf dem Blatt ab. Er liegt im Feuer. Laut hallt der Schuss durch das Tal. Mein Gott, der zweite Bock hier im Feld. So viel Dusel hat man nicht alle Tage. Ich muss erst einmal ordentlich Luft holen. Die Ricke verhofft keine zehn Meter vor der Straße und äugt zu der Stelle, an der eben noch der Bock stand. Flott zieht sie auf diese Stelle zu, verhofft und wechselt dann zügig ins Altholz. Meine Gedanken fahren ein wenig Karussell. Aber so ist es immer nach jagdlichem Erleben.

Der Bock hat recht hoch auf, allerdings dünne Stangen, die vorn gut, nach hinten schwach vereckt sind. Verbrechen, Bruch an die Mütze und ein dankbarer Blick gen halben Mond beim Hocken neben dem Gestreckten. Eine gewaltige Kulisse bietet sich mir beim Schauen ins Tal. Der Mond schafft es, der mittlerweile starken Dämmerung den Schneid abzukaufen und lässt die Weizenfelder ringsum regelrecht leuchten. Faszinierend! Schön, ein Jäger sein zu dürfen. Auf geht's! Meine zukünftige „Feldbewachung“ gilt bei zunehmendem Mond ausschließlich den Sauen. Ganz bestimmt.

Huckebein und Co.!

Wilhelm Busch hat in einer seiner Geschichten dem Raben Hans Huckebein ein, wenn auch fragwürdiges, Denkmal gesetzt. Dieser kleine schwarze Halunke hat, nachdem er nachhaltig seine Umwelt geärgert hat, ein jähes Ende durch selbstverschuldetes Erhängen gefunden. Für einen Rabenvogel eher ungewöhnlich, da sie ja außergewöhnlich intelligent, aber auch, wie es die Story des Altmeisters der Comic beweist, extrem neugierig und dreist sind. Somit hat sich dieser Unglücksrabe nach dem Genuss von Alkoholika „Jetzt naht sich das Malheur, denn dies Getränke ist Likör“, „An der Tante Gestricke verfangen“ und „der Tisch ist glatt – der Böse taumelt – das Ende naht – sieh da, er baumelt.“ So weit Wilhelm Busch. Dieser hat dem Raben übrigens nicht weniger unterstellt, dass des schwarzen Vogels Sinnen und Trachten das Böse schlechthin war, nämlich „Die Bosheit war sein Hauptpläsier“.

Ja, und das war die gängige Meinung der ländlichen Bevölkerung, wenn es um die schwarzen Gesellen ging. Sie wurden, wo immer es auch ging, erbarmungslos verfolgt. Um frisch eingesäte Felder oder Mieten zu schützen, wurde schon mal eine tote Krähe als letzte Warnung für den Rest der Sippe an einer langen Stange in die Erde gesteckt. Dort flatterte sie weithin sichtbar im Wind, bis der Kadaver vergammelt war. Mach das heute mal. Nun ja.

Raben- und Saatkrähen, Elstern, Dohlen, Eichel- und Tannenhäher waren in Wald und Feld sowie an den Dorfrändern präsent. Nebelkrähen kamen in strengen Wintern in unsere Region, und der Kolkrabe ist seit den siebziger Jahren des vorigen Jahrhunderts auch in unserem dem Harz vorgelagerten Höhenzug wieder vorhanden.

Einer aus der Familie der Rabenvögel, der Tannenhäher.

Am Anfang meiner Jungjägerzeit durfte ich, zuerst durch den alten Förster an die Leine genommen, bald auch allein jagen. Zu dem Revier gehörte eine wohl ca. dreißig Hektar große Fläche, die ringsum von einem Damm umgeben war. Hier hinein wurde bei der Gründung der sogenannten „Reichswerke Hermann Göring“ der Schlamm eingelagert, der bei der Absaugung der potentiellen Fundamentschächte für die gewaltigen Hochöfen und anderen Anlagen anfiel. Hermann hatte nämlich bei der Standortbestimmung des Werkes nicht gewusst, dass das Gelände extrem sumpfig war, wo der Salzgitter-Stahl gekocht werden sollte. Der Schlamm wurde durch eine riesige Rohrleitung, die teilweise auf Stelzen stand, angeliefert. Zu dem Zeitpunkt, als ich mit Rucksack und Flinte hier jagen durfte, war der Schlamm schon lange eine feste Masse geworden. Es waren Birkensamen angeflogen, die für eine schnelle Begrünung sorgten. An den Dammrändern gab es Holunder, Weiß- und Schwarzdorn. Später wurde der gesamte Damm ringsum mit Erlen bepflanzt. Tolle Sache! Einige der Birken waren zum Zeitpunkt meiner Jungjägerlaufbahn schon recht hoch und somit beliebte Brutplätze der Elstern. Diese und auch die anderen Rabenvögel wie Eichelhäher und Rabenkrähen sollte ich, so der Förster, massiv bejagen, um den Fasanen und Rebhühnern beim Überleben zu helfen. Den kleinen Satzhasen würde eine Hilfe durch meine Flinte sicher auch nicht schaden. Das wollte ich wohl tun. Außerdem bekam ich Ringeltauben und Kaninchen frei, die in der alten Schlammablagerung Bau an Bau gebuddelt hatten und beim Durchgehen für manchen unfreiwilligen Sturz sorgten. Wartet ab, schwor ich mir, nach einer dieser Landungen, bei der ich mir ordentlich den Fuß lädiert hatte und wie ein alter Drahthaar zum Auto humpeln musste. Das kann ja mal weh tun. Zur Herbstzeit habe ich mit der

Korona der Försterei gute Kaninchenstrecken erzielt, und auch meine Einzeljagd war von Erfolg gekrönt. Dieses kleine Paradies bot vielen Singvögeln Brutgelegenheit; auf den angrenzenden Feldern jubilierte die Feldlerche, und auf der Ostseite lag der Salzgitter-Stichkanal, von dem wir uns manche Stockente und auch Zappe holten. Und wenn zur Maienzeit beim abendlichen Spekulier-Ansitz die Nachtigall ihr unvergleichliches Repertoire ertönen ließ, dann wurde es so richtig feierlich-romantisch in dem kleinen Busch.

Dass die hübsche Elster ein cleveres Vögelchen ist, merkt man spätestens, wenn man dem „Preußischen Fasan", wie sie der alte Förster in Anspielung auf die alten preußischen Farben Schwarz und Weiß scherzhaft nannte, massiv nachstellt. Oh Mann, was habe ich für Lehrgeld zahlen müssen! Stundenlanges muskelmordendes Hocken vor der Brutzeit in der Nähe der Nester, bis die Vögel zu Dämmerungsbeginn einfielen, wurde durch unbedachte Bewegungen innerhalb von Sekunden zunichtegemacht. Nicht nur einmal musste ich neidlos zugeben, dass die lieben Piepmätze mich ausgetrickst hatten. Man glaubt nicht, mit welcher Geschwindigkeit sich die Elster wie ein Stein fallen lässt, um nach dem hingeworfenen, erfolglosen Schuss schackernd das Weite zu suchen. Das Geschackere hat mich immer glauben lassen, dass der schwarz-weiße Halunke mich ausgelacht hat. War wohl auch so. Das Geschackere habe ich bei meinen Bemühungen, die Elstern zu reduzieren, übrigens mit einer halb gefüllten Streichholzschachtel imitiert. Hat gut geklappt, sodass ich nach dem Wechsel in einen anderen Revierteil eine ordentliche Strecke vorweisen konnte. Insgesamt hat mein Einsatz der restlichen Singvogelwelt und auch den Fasanen und Rebhühnern sicher geholfen. Die guten Besätze ließen eine schonende Bejagung zu.

Markwart, wie der Eichelhäher auch genannt wird, steht seinem schwarz-weißen Vetter in Cleverness in nichts nach. Vielleicht ist die Elster noch ein wenig dreister, um nicht zu sagen brutaler, wenn es z. B. darum geht, aus dem Nest gefallene Jungvögel ins Jenseits zu befördern. Das muss man einmal gesehen haben, mit welcher Energie die Räuber dabei zugange sind. Heute ist die Jagd auf Eichelhäher, zumindest in unserer Region, nicht erlaubt. Damals gab es wohl kaum einen Jägerhut, den nicht einige der wunderschönen blau/schwarz-weiß gezeichneten Spiegelfedern des Eichelhähers zierten. Der Tannenhäher gibt da mit seinem braunen, mit weißen Punkten gezeichneten Federkleid längst nicht so viel her. Und trotzdem ist es ein wunderschöner Vogel. Während ich von dieser Häher-Art bislang nur ein Exemplar erlegt habe, und dabei wird es wohl auch bleiben, sind mir die Zahlen meiner Eichelhäherstrecken nicht mehr bekannt. Ich muss unbedingt erwähnen, dass der Eichelhäher nicht zwangsweise nach seiner Erlegung ins Unterholz gepfeffert wurde. Nee, ganz und gar nicht. Ich habe in meinem Bekanntenkreis einige Liebhaber des hübschen Vögelchens gehabt. Für die Erbsensuppe zum Beispiel. Meine Großmutter musste auf Wunsch des Opas den Häher mit der Suppe servieren. Ich habe das selbst einige Male probiert und kann nur kundtun, dass ich bis zum heutigen Tag noch keinen Wildvogel von solcher Zartheit gegessen habe. Da denkt man schaudernd an den versehentlich erlegten Feldkrätzer mit der Hülse am Ständer. In dieser steckte ein Zettelchen mit der Notiz: „Greife an im Morgengrauen, Napoleon.“ Wenn du so einen Flattermann auf dem Teller hast, dann lässt du zukünftig alles fliegen, was nach Taube aussieht. Nun ja? Und es gab jede Menge Interessenten, die um einen Häher baten, um sich den hübschen Vogel präparieren zu lassen. Habe ich auch gemacht.

Die Jagd auf den Häher ist außerordentlich spannend und erfordert genau so viel Einsatz wie bei der Elster. Oft habe ich Markwart auch verschont. Warum? Wenn der Vogel sich unbeobachtet fühlt, spult er sein gesamtes Repertoire an Vogelstimmen und anderen Geräuschen ab. Der Hammer, was der kleine Piepmatz alles drauf hat! Mehr als einmal habe ich den Bussard vergeblich in den Kronen gesucht und musste nach geraumer Zeit feststellen, dass ein Häher mich getäuscht hatte. Es ist sogar passiert, dass ich mich suchend umschaute, um den Hund zu entdecken, der da eben zwar leise, aber ganz deutlich gebellt hatte. Tolle Gesellen, unsere Rabenvögel! Auch wenn sie manches Mal über die Stränge schlagen, so sollten wir uns doch ab und zu einmal mit ihnen befassen. Wo sie allerdings in Massen auftreten, wie das die Rabenkrähe so an sich hat, und extrem zu Schaden gehen, gibt es kein Pardon, dort muss ihnen beharrlich nachgestellt werden.

Arko!

Arko war ein mittelalter, stämmiger Mischlingsrüde. Irgendwann war wohl mal ein Drahthaar in seinem nicht vorhandenen Stammbaum dabei. Als ich den Rüden das erste Mal sah, lag er friedlich auf der Terrasse der kleinen Kneipe, die am Waldrand lag. Die alte Wirtin erzählte mir, dass sie den Rüden von einer Städterin übernommen hätte. Aus Mitleid. Die Dame aus der Stadt gab vor, einfach keine Zeit mehr für den Hund zu haben und wollte ihn aus diesem Grund loswerden. Tolle Sache!? So einfach machen sich die Leute das, wenn sie des lieben Tieres überdrüssig sind. Tierfreunde? Ich wünschte der Wirtin alles Gute und viel Spaß mit ihrem neuen Hausgenossen. Bat auch darum, auf ihn zu achten, denn der Weg in den Busch lag ihm ja vor der Nase. Sie versprach, aufzupassen. Nun ja. Es ging eine Weile gut mit dem „aufpassen“, doch irgendwann hatte Arko wohl von seinem Terrassenplatz aus auf dem Feld gegenüber Rehwild eräugt. Vermutlich war das für ihn das Signal „Aufbruch zur Jagd“?

Unser Jagdaufseher mutmaßte nach einiger Zeit, dass da irgendetwas mit dem Rehwild nicht stimmen konnte. Noch kam keiner von uns auf den lieben Arko. Eines Tages, ich wollte zum Feierabend noch in der Försterei den Tagesablauf für den Folgetag abstimmen, stand an der Waldausfahrt ein Bewohner der nahen Baracken auf dem Weg. Er signalisierte mir, doch anzuhalten. Na denn, mal sehen, was der Bengel will. „Herr Forstaufseher, kommen Sie doch mal mit, ich will Ihnen etwas zeigen“, sprach's und ging voran. Nun war ich aber mal gespannt, was er da Wichtiges zu zeigen hatte. Ich wusste, dass die Leute aus den Baracken erstaunlich gut im Busch Bescheid wussten. Um ehrlich zu sein, hatte ich manchmal den Eindruck, dass die Jungs auch wilderten. Hat sich aber gottlob nie bestätigt. Nach rund hundert Metern stoppte er und zeigte mit der Hand in die Verjüngung. Und was lag da? Ein Kitz. Deutlich konnte man am Träger Bissspuren erkennen. Die linke Keule war aufgerissen, und aus den Dünnungen hing Gescheide heraus. Oh Mann, das war ja eine schöne Schweinerei! Ich fragte den Mann, ob er ansonsten noch etwas gesehen hätte oder irgendeinen Verdacht habe. Er grinste mich an, drehte seine Mütze ein wenig verlegen, sah sich um, und ich hatte das Gefühl, dass das, was er mir sagen wollte, unangenehm für ihn war. „Wissen Sie“, sprach er sodann, „ die Wirtin ist ja eine liebe Frau, und wir haben viel Gutes von ihr, aber ihren Köter hat sie nicht im Griff!“ Bei mir fielen die Groschen jetzt gleich markweise. Arko!? Arko, ein Wilderer! „Bitte sagen Sie der Frau nichts davon, dass Sie das von mir wissen“, bat mein Informant. Ich versprach es und bat ihn, auch weiterhin die Augen offen zu halten. Das hat geklappt. Der Förster, den ich anschließend informierte und das gerissene Kitz vorführte, war alles andere als begeistert. „Dann passt man alle auf, und wenn der Schweinehund auf frischer Tat erwischt wird, muss er die Kugel haben“, war sein Auftrag. Nun ja, einfacher gesagt als getan.

Nachdem der Jagdaufseher in der nächsten Zeit weitere gerissene Stücke gefunden hatte, war es an der Zeit, den Hund zur Strecke zu bringen. Für uns war das ein unangenehmes Vorhaben. Alle, die in unserer Försterei jagten, hatten Hunde. Man weiß, was es heißt, einen vierläufigen Kumpel zu verlieren. Und doch musste es sein. Die Wirtin wurde zum wiederholten Male verwarnt. Dann legt die alte Frau den Rüden ein paar Tage an die Kette, und danach ging der Zirkus von vorn los. Mittlerweile waren eine Ricke und, wenn ich mich recht entsinne, sechs Kitze gerissen worden. Alle auf die gleiche Machart.

Die Stimmung in der Försterei war zu der Zeit nicht die beste. Dass der Rüde stumm jagte, machte die Sache noch schwieriger. Dann kam uns der Zufall zu Hilfe. Der Jagdaufseher kam morgens vom Ansitz quer durch den Busch gefahren, als plötzlich Arko vor ihm auf dem Weg stand. Flugs war der Jäger aus dem Auto und schoss dem sofort flüchtig gewordenen Rüden mit seiner Bockbüchsflinte eine Ladung Schrot auf die Jacke. Der Rüde quittierte zwar die Ladung, zeichnete kurz, ging dann aber in rasendem Tempo bergabwärts durchs Altholz und war verschwunden, noch bevor die Kugel hätte zum Einsatz kommen können. Am Anschuss war in dem Laub weder Schnitthaar noch Schweiß zu entdecken. Die sofort folgende Visite an der Kneipe ergab nur einen leeren Korb auf der Terrasse. So blieb das auch die nächsten Tage, und wir frohlockten schon, dass die Ladung wohl doch gewirkt hatte. Leider hatten wir uns zu früh gefreut. Es war wohl eine Woche vergangen, seitdem der Rüde die Schrotladung abbekommen hatte. Seitdem war sein Futternapf auf der Terrasse unberührt. Das Kitz, das die Drahthaar-Hündin des Jagdaufsehers nun gefunden hatte, war halb aufgefressen. Aha, der Stromer hatte nach Tagen der Krankenruhe Kohldampf bekommen. Das konnte ja noch heiter werden. Nochmals wurde die gesamte Jägerei informiert, unbedingt intensiv die Ansitze zu nutzen, um den Schurken endlich zur Strecke zu bringen.

Und wieder half uns der Zufall. Ich befuhr eines Morgens auf dem Weg zu einer Kultur einen steilen Wirtschaftsweg, als ich meinte, im rechtsseitigen Altholz einen „Wischer“ gesehen zu haben. Ich stoppte den Käfer, und schon überfiel der „Wischer“ in Form einer Ricke hochflüchtig den Weg auf ca. achtzig Meter vor mir. Böses ahnend, langte ich meine Büchse aus dem Auto. Keine Sekunde zu früh, denn als ich wieder auf den Weg schaute, stand Arko auf demselben spitz zu mir. Ich hatte an diesem Tag meine 22. Win. Mag. dabei, warum, weiß ich heute nicht mehr. Es lief dann alles wie im Film ab. Ich hatte den Stich des Rüden im Absehen, und schon knallte die Büchse giftig durch den klaren Morgen. Der Rüde ging sofort zu Boden, schlegelte noch kurz und war umgehend verendet. Erst jetzt kam ich dazu, einen klaren Gedanken zu fassen, und nur unter großer Anstrengung gelang es mir, meine Zitterintervalle in den Griff zu bekommen. Ich hatte einen Hund geschossen! Arko! Eine Geißel des Wildes zwar, aber eben ein Hund.

Nach der wohl dritten Zigarette lud ich den Hund in den Kofferraum und fuhr zur Försterei. Als ich im Büro des Försters stand und um den Schlüssel zur Gerätekammer bat, um einen Spaten zu holen, warf er auf. „Haben Sie Glück gehabt?" Ich nickte nur. „Waidmannsheil, kann man ja wohl nicht sagen, aber es ist gut, dass er endlich tot ist. Wer weiß, was der Hund noch alles angerichtet hätte. Sie haben uns allen einen großen Gefallen getan!" Ich nickte und schickte mich an, das Büro zu verlassen. „Und", hörte ich meinen Chef sagen, „ machen Sie sich keinen Kopf. Alle von uns hätten so gehandelt." Nun ja, das ist die eine Seite, die andere hat doch eine Zeitlang gebraucht, damit abzuschließen.

Rechts!

Na klar, was denn sonst? Bevor Irritationen aufkommen, möchte ich kundtun, dass es hierbei um Rechts- und Linkshänder geht. Erst einmal. „Na klar“ deswegen, weil ganz offensichtlich der größte Teil der Menschheit von Geburt an die rechte Hand als, sagen wir mal, Haupthand benutzt. Und, „was denn sonst“, Linkshänder sind genetisch bedingt in der Minderzahl. Dass sie problemlos in der heutigen Zeit damit zurechtkommen, ist noch gar nicht so lange aktuell. Mein Großvater mütterlicherseits war Linkshänder. Dieser Generation wurde aber unter Zwang speziell das Schreiben mit der von der Natur bei ihnen dafür nicht vorgesehenen rechten Hand abverlangt. Das hat sicher den betroffenen Heranwachsenden seinerzeit viele Tränen gekostet. Angeblich ist es bisher unklar, ob diese Linkshändigkeit eine angeborene Veranlagung ist. Bis in die siebziger Jahre des letzten Jahrhunderts wurde jedenfalls in den Schulen wie beschrieben verfahren. Ich selbst habe als Grundschüler erlebt, wie der Dorfpauker einem Mitschüler mit dem Lineal auf seine „schlechte“ Hand drosch, wenn er Anstalten machte, den Füller mit links zu betätigen. Ganz schön hart. Die Wissenschaft hat belegt, dass durch diese „Umerziehungsmaßnahme“ weitere Schäden in der Entwicklung der Kinder die Folge sein konnten und sicher auch waren. Und doch, wenn ich mir heutzutage die Diktathefte meines Großvaters anschaue, dann bin ich fasziniert über das gleichmäßige, toll anzuschauende Schriftbild, das da unter jahrelangem Zwang entstanden war. Natürlich in deutschen Buchstaben. Heute kann man täglich im Bekanntenkreis und der Öffentlichkeit Linkshänder sehen, die natürlich all das, was der Alltag schreibenderweise und vieles andere, das von ihnen verlangt wird, erledigen.

Und ja, auch unter den Mädchen und Jungs, die sich der grünen Zunft verschreiben wollen, tauchen vermehrt Linkshänder auf. Als Ausbildungsleiter meiner Jägerschaft habe ich das vor vielen Jahren beim Schießunterricht staunend zur Kenntnis genommen. Zugegebenermaßen muss ich sagen, dass mich das anfänglich etwas irritiert hat. Irgendwie passte das nicht in das Rottenbild der Trapschützen, wenn da mit einem Mal jemand die Flinte mit links betätigte. Am Büchsenstand trat das jedenfalls für mein Empfinden nicht so in Erscheinung. Dass die Schießleistung darunter in keinster Weise litt, ließ mich wiederum aufwerfen. Irgendwann dachte ich dann dabei an meinen Großvater und musste mich daran erinnern, was er nicht alles mit „links" bewältigt hat.

Und das habe ich in etlichen jagdlichen Situationen manchmal schmerzlich vermisst. Nämlich, dass ich von Fall zu Fall meine Flinte oder Büchse nicht mit links bedienen konnte. Was kann der Mensch doch undankbar sein!? Da trauert man einer verpassten Gelegenheit nach, die von einem Linksschützen mit „links" bewältigt worden wäre. Vergisst dabei aber die vielen gelungenen Aktionen, die man angewölfterweise mit „rechts" gemeistert hat. Ja, ja! Da kriegst du die Schnauze nicht voll, schimpft jetzt der Wichtel, der in unserer Birne für Dankbarkeit und Waidgerechtigkeit zuständig ist. Und der Wichtel Nimmersatt sagt, das nächste Mal langst du hin, warum gibt es gute Hunde? Oh Mann!!! Geht aber nicht, ich kann ums Verrecken nicht mit links schießen. Basta, Ende! Mein Farmerfreund Erwin in Namibia schießt gleich gut mit links und rechts. Faszinierend. Gibt es sicher ganz und gar nicht oft!? Ich finde mich mit der Rechtsfertigkeit mittlerweile ab, weil es meine Natur eben so vorschreibt, und bin nicht mehr sauer z. B. über Sauen, die mein ergebnisloses Geballere mit freudiger Flucht quittieren. Nun ja.

Zwei typische Situationen fallen mir hierzu ein. Beide Male hatte ich die Sauen schon im Rucksack. Es war Drückjagd bei meinem Freund Lars in Thüringen. Ich saß auf meinem Dreibein an einer Abbruchkante, konnte eine große Senke einsehen und hatte auf ca. hundert Meter gegenüber Altholzbestand. Toller Platz. Das Treiben war schon kurz vor dem Ende, als mein linker, unsichtbarer Nachbar scheinbar noch einen Kleinkrieg anzetteln wollte. Schwupp, stand ich im Halbanschlag neben meinem Stuhl, und schon kam linkerseits ein Überläufer durch den Graben. Ja, der kommt richtig. Allerdings, wenn er die Fluchtrichtung beibehielt, kam er mir als Querreiter nach rechts an meinem Stand vorbei. Äh, für einen Rechtsschützen nicht so gut. Ich hatte die Sau im Zielfernrohr, verfolgte sie bis zur Grabenkante, und als sie diese flott überfiel, sengte ich das erste Mal vorbei. Oh je! Als ich die dann mittlerweile recht flüchtig gewordene Sau ein zweites Mal fehlte, stellte ich die Büchse an die nächste Buche, schaute ihr hinterher, lupfte meine alte sturmerprobte Baschlikmütze und wünschte ihr alles Gute. Der Hass auf das eigene Unvermögen war, wie immer, nur kurz. Kurz nach dem Abblasen konnte ich zwei wunderschöne Kugelrisse in der Stolberger Erde bewundern. Mann, oh Mann, das war nix!

Das zweite Geschehen war von einer heftigen Magen-Darm-Grippe überschattet. Wenn man so etwas hat, bleibt man zu Haus. Nur ganz bekloppte, manche sagen dazu auch hochpassionierte, Grünröcke gehen dann zu Jagd. Ich bin so einer. Auch noch nach fast fünfzig Jahren Jagd. Meine Freunde hatten mich Gott sei Dank an einen Wechsel unmittelbar neben einer Straße angesetzt. Ich konnte dort unweit mein Auto abstellen. Und das war gut so. Toilettenpapiermäßig. Es war hundsgemein, ringsum knallten die Büchsen, und auch in meinem

Enddarm knallte es nicht schlecht. Nur traute ich mich nicht, dem Druck des potentiellen Mündungsfeuers freien Lauf zu lassen. Weißt schon. Also, was nutzt es? Der Gott sei Dank nahe Graben wurde aufgesucht, runter mit den dicken Klamotten bis zum blanken Hinterteil, die Büchse natürlich in Reichweite, und Feuer frei. Das hat geklappt und anschließend einen zufrieden dreinschauenden und erleichterten Jägersmann auf dem Dreibein gesehen. Das Schlimme an der Sache war, dass sich das noch zweimal wiederholt hat und der nachgefasste Papiervorrat aus dem nahen Auto rapide schwand. Hoffentlich hat das keiner gesehen, wegen Stand verlassen und so, auch wenn es nur zwanzig Meter waren. Aber, kein Schüsseltreiben, kein Jagdgericht. Es war Corona-Zeit. Ich war unglücklich. Das Treiben ging dem Ende zu, ich hockte wieder einmal scheinbar bar aller Darmprobleme kraftlos auf meinem Stuhl, als ich es linkerseits rauschen hörte. Sieh da, ein strammer Frischling kam in flotter Flucht auf fünfundzwanzig Meter an meinem Dreibein vorbei. Der kommt gerade recht, den hast du gleich. Vorbei die Darmespein. Aufstehen, Büchse an den Kopf, Po-Backen zusammenkneifen und den Frischling ins Glas laufen lassen. Hat auch geklappt, dachte ich. Auch dieser nach rechts gehende Querreiter konnte sich nach meinem Schuss weiterhin bester Gesundheit erfreuen. Einen

Aus „hinterhältigen" Gründen kurzfristig verwaist.

zweiten Schuss verbot Alarmstufe eins des Schließmuskels. Darüber zu sinnieren, ob ich dieses Geschehen als Linksschütze besser erledigt hätte, verkniff ich mir.

Auf die Frage meiner Gruppenführerin nach Ende des Treibens konnte ich wahrheitsgemäß berichten, eine Sau gefehlt zu haben, was wiederum der Kugelriss ganz eindeutig bestätigte, ansonsten aber eine tolle Ballerei erlebt zu haben. Und die habe ich mit links erledigt.

Noch etwas zum Thema „rechts“. Wenn wir im Laufe des Schüsseltreibens ein Schnapsglas oder ähnlich harmlose Behältnisse mit Alkohol in der Hand halten, um ein „Horrido“ auszubringen, wird das natürlich mit der, na?, jawohl!, „linken“ Hand gemacht. Was ist das denn nun? Eine Hommage an die Linkshänder? Nein, weit gefehlt. Aus zweifelhaften Quellen wird uns Jägerinnen und Jägern der Neuzeit vorgegaukelt, dass das seit Urzeiten Brauchtum sei. Ist es aber nicht, weil es absolut nichts mit dem eigentlichen Brauchtum zu tun hat. Aus genauso zweifelhaften Quellen wird berichtet, dass das Prozedere erst mit der Selbstherrlichkeit der sogenannten Herrenjäger, wer immer das auch war, Eingang in die Schüsseltreiben gefunden hat. Als Ausrede wurde das Fixieren des Hirschfängers usw. ausgeführt. Hing der nicht auch links am Gewamst? Zu meiner Ausbildungszeit zum Jäger, so vor fünfzig Jahren, vermittelte unser Ausbildungsleiter, der stark komissmäßig durchwebt war, mit furchterregender Miene, dass das Trinken bei einem solchen Anlass unbedingt mit der linken Hand zu erfolgen hätte. Ansonsten …, ja, weiß ich auch nicht so recht. Hat er eigentlich nie so richtig begründet. Aber allein sein dabei aufgesetzter bohrender Blick ließ nichts Gutes erahnen. Außer einigen Runden, die ich als Jungjäger springen lassen musste, weil ich das jeweilige Gesöff mit der rechten, meiner gewohnten, Getränkehand ergriff und hinunterstürzte, haben mir St. Hubertus und Diana keine Steine in den Weg gelegt. Ich hatte manchmal das Gefühl, dass die alten Säcke, die mit mir am Wirtshaustisch saßen, von ihren Hausdrachen nicht genug Taschengeld mitbekommen hatten und nun darauf aus waren, den jagdlichen Grünschnabel in die Pfanne zu hauen. Was soll's. Hat mir Spaß gemacht. Manches Mal habe ich das auch provoziert und den ein oder anderen besoffen nach Haus geschickt. Nun ja. Einige meiner treuen Leser werden nun aufwerfen und denken, da schwafelt er sonst immer vom Brauchtum, das gepflegt werden soll. Soll es auch weiterhin. Aber nicht mit Handlungsweisen, die absolut nichts damit zu tun haben. Prost! Das war's. Übrigens, jetzt wo ich die Finger von der Computertastatur nehme, ergreife ich mein Weinglas mit der, na?, logisch!, rechten Hand.

Pirsch auf Eland und Kudu im heißen Damaraland!

Angenehm frisch war die Luft kurz nach Sonnenaufgang im Damaraland. Die letzten Tage bei Rundreise und Jagd im schönen Norden Namibias waren mit bis zu 40 Grad im Schatten richtig heiß und nicht nur bei der Jagd recht kräftezehrend. Schon nach kurzer Zeit blieb kein Faden trocken, die Zunge klebte am Gaumen und lechzte nach Erfrischung. Zusätzlich überfielen uns Kaskaden von winzigen schwarzen Fliegen und versuchten nachhaltig, in Augen, Ohren und Mund einzudringen. Tolle Sache. Da auch dieses Mal, wie immer, meine Frau dabei war, zusätzlich noch unser Sohn mit Partnerin, dominierte der touristische Teil diese Reise. Nun ja, heiß! Recht ungewöhnlich für Anfang September im Damaraland. Trotz mehrmaligem Eincremen mit Fünfziger-Sonnencreme und ständig getragener Kappe hatte ich mir ordentlich das Gesicht „aufgeglüht". Tat zwar nicht weh, aber wie soll sich ein hellhäutiger, ehemals blonder Mitteleuropäer sonst noch schützen? Da muss man durch, wenn man dieses fantastische Stück Afrika durchreist.

Nunmehr waren wir aber auf der Farm von Freunden gelandet. Einer Rinderfarm in der Nähe von Kamanjab, die nicht durch Wildzäune eingefasst ist. Genauer gesagt, auf der Farm des Schwiegersohnes meines alten Freundes Erwin Laborn, auf dessen Farm Okandivi, die in der Nähe von Otjiwarongo liegt, wo wir über zwanzig Jahre gejagt haben. Da Erwin als Meisterjagdführer auch auf dieser Farm registriert ist, nahmen wir uns eine kleine Auszeit von der Familie und waren an diesem Morgen zeitig auf den Läufen. Im ersten Morgengrauen schlürften wir unseren heißen Kaffee, und alsbald ging es zum Jagd-bakkie. Mit Erwin zu pirschen, ist für einen deutschen Ansitzjäger manches Mal sehr anstrengend, aber immer wieder ein absolut tolles jagdliches Erleben. Die Erfahrung, die Erwin eigen ist, garantiert einen hohen Prozentteil an Erfolg. Wenn man denn mit der Büchse umgehen kann. Nicht nur ich habe, trotz jahrelangem Üben daheim, leider ab und zu Patzer produziert. Die Entfernung ist es, die uns „Ansitzjäger" manches Mal ein „Bein" stellt. Das kann Erwin nicht daran hindern, umgehend einen neuen „Plan" zu machen.

Mein Gott, was für ein wunderschöner Morgen. Frankoline, Perlhühner und die kleinen Kap-Ringeltauben läuteten mit ihren typischen Lautäußerungen den kommenden Tag ein. Herrlich, was für eine faszinierende Stimmung. Unwirklich, im Dunst liegend, erschienen die Berge im Osten der Farm. Eine grandiose Kulisse, und was für eine Ruhe strahlte diese aus. Schön, ein Jäger zu sein, schön, in diesem Land mit dem Freund jagen zu dürfen.

Etwas Besonderes hatten wir nicht geplant. „Wir klappern mal die Pads ab und gucken, was da kommt." Erwin sprach's, und ab ging die Post, sprich der Bakkie. Von der Ladefläche aus hatte ich einen tollen Rund- und Überblick und genoss bei langsamer Fahrt den kühlenden Morgenwind, der für die Hitze der letzten Tage entschädigte. Jedoch, diese Phase dauerte nicht lange. Nach einiger Zeit signalisierte Erwin mit über dem Dach gehaltener Hand, dass in der angezeigten Richtung Wild stehen würde. Genauso war es. Gerade konnte ich noch flüchtig abgehende Oryxen ausmachen und links davon in gehöriger Entfernung einige Eland-Antilopen. Der absolute Hammer, wie Erwin das Wild auch auf größere Entfernung ausmacht und präzise angeben kann, was es ist und wie weit die Stücke sind. Da muss ich noch eine ganze Weile üben, denke ich. Toll, wahnsinniger

Anblick am frühen Morgen. Auf der schwach mit Mopane, einigen Akazien, mittelhohen Grasflächen und diversen Büschen bestockten, riesigen Fläche waren auch Termitenhügel in etlichen Exemplaren vorhanden. Ein faszinierendes Landschaftsbild. Afrika wie aus dem Bilderbuch. „Wir gehen da mal hinterher, die Eland scheinen noch nichts mitgekriegt zu haben, vielleicht geben sie uns eine Chance." Erwin ging langsam in Richtung des Wildes, und genauso gemächlich folgte ich ihm. Immer wieder kleine Stopps, abglasen, und weiter ging es. Noch war die Herde um die fünfhundert Meter vor uns, der Wind war gut, und wiederum stoppte mein Freund. „Da ist ein mächtiger Bulle dabei, er zieht ganz links neben der Herde, siehst du ihn?" Ja, jetzt konnte ich den Bullen sehen. Donnerwetter! Ich habe schon einige gute Elandbullen erlegt im Laufe der Jahre, aber dieser Bulle übertraf alles bisher Dagewesene. „Wir pirschen langsam und vorsichtig weiter. Wir müssen versuchen, immer die Büsche als Deckung zu nutzen. Notfalls tut es auch ein Termitenhügel." Schon nach kurzer Zeit wurde mir in der eben noch als angenehm empfundenen leichten Fleece-Jacke warm. Auch die Stirn wurde nass. Gottlob, die kleinen schwarzen Mistviecher waren noch nicht munter. Es war schon eine kleine Schinderei. Langsames Vorankriechen von Busch zu Busch, von Termitenhügel zu Termitenhügel oder aber nach Handzeichen von Erwin urplötzliches Erstarren in der Bewegung. Schön, wenn man dann just beide Beine auf dem Boden hatte. Aber, wir kamen nach wohl einem Kilometer kräftezehrender Pirsch näher. Als ich gerade noch der Meinung war, dass es wohl noch eine Weile so weitergehen würde, kam es nunmehr ganz anders. „Der Bulle äugt schon unentwegt in unsere Richtung, wir müssen bis zum nächsten Termitenhügel. An dem kannst du anstreichen." Dummerweise war dieser Termitenhügel so niedrig, dass ich den Bullen hätte durch Zweige hindurch beschießen müssen. So ging es nicht. Und dann …, mein Gott, wie weit war das denn? So um die zweihundertfünfzig Meter, meinte mein Freund lapidar. Er kniete sich neben den Termitenhügel und klopfte auf seine linke Schulter. „Komm langsam zu mir, leg auf die Schulter auf und lass fliegen. Der Bulle steht halbspitz und ist schon recht nervös." Ach, der Bulle ist nervös? Ich tat, wie mir gesagt und hatte nach kurzer Zeit den Bullen im Glas. Verdammt weit! Zähne zusammenbeißen, Luft holen, und raus war der Schuss. „Du hast ihn, er hat die Kugel." Das hörte ich mehr im Unterbewusstsein, denn urplötzlich war meine Zunge scheinbar wieder am Gaumen festgewachsen, und das Verlangen nach einem Getränk war groß. Erwin riss mich aus meinen Wunschträumen. „Komm, wir gehen langsam

Ein mächtiger Elandbulle!

hin, er ist zusammengebrochen. Es ist ein mächtiger Bulle." Er grinste mich an. „Komm und guck, was du angerichtet hast."

Beim Bullen angekommen, war dieser noch nicht verendet, kam aber nicht mehr auf die Läufe. Ein Fangschuss mit der .300 WinMag. beendete die Aktion. „Waidmannsheil". Erwin drückte mir die Hand: „Das ist ein ganz Starker, er ist alt und hat eine ordentliche Trophäe." Er strahlte über das ganze Gesicht. Als ich wieder regelmäßig atmen konnte, bedankte ich mich bei meinem Freund für die fantastische Führung. Was für ein Erleben, ich raffte im Moment noch gar nicht so richtig, was ich da „angerichtet" hatte. Mein Schuss saß etwas versetzt auf dem Stich und hatte den halbspitz stehenden Bullen in die Kammer getroffen. Und ... auf dem Marsch vom Platz der Schussabgabe bis zum Bullen wurde die von Erwin avisierte Entfernung von ca. zweihundertfünfzig Meter bestätigt. Oh Mann, ich glaube, ich habe noch nie in den vier Jahrzehnten Jägerei so weit hingelangt.

„Wir haben ein Problem", hörte ich nunmehr Erwin sagen, „unser Jagd-Bakkie ist wegen der angeschraubten Stühle zu mickrig, wir müssen die Jungs informieren, dass sie mit dem langen Farm-Bakkie kommen." Gesagt, getan, nach einem kurzen Telefonat mit dem Handy, wie segensreich, machte sich Erwin auf den Weg, um die Bergetruppe einzuweisen. Gelegenheit für mich, mich noch eine Weile dem Geschehenen hinzugeben und bei meinem Bullen zu verweilen. Bald erschien der Bergetrupp, und nach einigen Tricks mit der Seilwinde lag der mächtige Bulle auf der Ladefläche des Bakkies. Allerdings hing das Gefährt beängstigend tief in der Hinterachse. Hat aber alles bis zum Schlachtplatz geklappt. Die im Dorf am nächsten Tag abgelieferte Fleischmenge ohne Haupt, Träger, Decke und die Fleischteile, die sich die „Schlachte-Crew" als Deputat vorbehalten hatte, betrug akkurat 444 kg. Der Bulle hatte demnach ein Lebendgewicht von 850 bis 900 kg. Schön zu wissen, dass fast alles, was hier auf der Jagd zur Strecke kommt, verwendet wird. Und dass die Jagd vielen Menschen Lohn und Brot beschert. Da macht das Jagen Freude.

Am Ende dieses Tages feierten wir dieses Ereignis gebührend mit der ganzen Familie und freuten uns auf kommende jagdliche Aktionen in diesem wunderschönen Land. Und die sollten gleich am nächsten Tag starten. Obwohl eigentlich als Jagdausflug nicht geplant, waren wir mit der Familie zu einer Reise aufgebrochen, um die Farm zu erkunden. Natürlich hatten wir – rein vorsorglich, nicht wahr – die Büchse dabei. Man weiß ja nie. Mein alter Jagdaufseher hätte gesagt: „Fuchs kann immer kommen!“ Recht hatte er. Zwar kein Fuchs, aber eine Menge Wild bekamen wir in Anblick. Giraffen in etlichen Exemplaren, Oryx, Kudu, Eland, Paviane, leider keine Bergzebras, die hier in einem recht guten Bestand das bergige Gelände durchstreiften. Und natürlich eine fantastische Vogelwelt. Toller Anblick. Tja, und dann rüdete Erwin mich an, es auf einen der Kudubullen zu versuchen, die eben die Pad überfallen hatten. Oh, Mann! Runter vom Bakkie, kurzer Sprint, und raus war der Schuss auf den ca. siebzig Meter, allerdings hinter Buschwerk verhoffenden starken Bullen. „Er hat die Kugel, sicher fällt er gleich.“ Puh, das war ja mal fix gegangen, so ganz anders als die Aktion vom Vortag. Aber, wer Erfolg haben will, muss handeln. Obwohl der Bulle die Kugel auf dem Blatt hatte, stand er noch. Zwar schwankte er schon ab und zu, aber er fiel nicht. „Schieß noch mal auf den Träger!“ Oh, Mann, jetzt musste ich mich ordentlich zusammenreißen, derart beutelte mich nun das Jagdfieber. Gottlob, im Schuss fiel der Bulle und war umgehend verendet. Was für eine

Aktion, was für ein Erleben. So ist die Jagd. Die ganze Bande, die die Aktion von der Pad aus beobachtet hatte, kam nun zum Gratulieren. Habe ich in über vierzig Jahren Jagd so auch noch nicht erlebt. War aber nicht schlecht. Wann hat man schon einmal seine Familie bei dermaßen erfolgreichen Aktionen bei sich?

Blieb mir nur, mich bei Erwin zu bedanken. Wiederum hatte er mir, wie so oft in den vergangenen zwanzig Jahren, ein unvergessliches Erlebnis verschafft. Was für ein Freund, was für ein Jagdführer! Ich muss da wieder hin!

Ein guter Kudubulle bei 42°+.

Schirme und Co.!

Wenn man dem Wild nah sein will, sollte man sich an geeigneten Stellen einen Schirm bauen. Manche Geländebeschaffungen, aber auch der jeweilige Zustand der Bestockung lassen den Bau einer erhöhten Ansitzeinrichtung häufig nicht ratsam erscheinen. Also, dann muss dort ein Schirm hin, eine Erdkanzel oder aber auch z. B. ein Erdsitz, der sich prächtig an Hanglagen empfiehlt und einbauen lässt. Soll die Anlage mehrere Jahre bestehen, so ist es wichtig, dafür gutes Material zu benutzen. Soll das alles nicht durch Witterungseinflüsse schon nach ein paar Jahren hinfällig sein, sollte auch ein Dach installiert werden. In so einem mit ausreichend Platz versehenen Gebilde kann man es einige Stunden bei auch nicht ganz so prallen Wetterverhältnissen aushalten. Und, was kann man in diesen erdnahen Sitzen alles erleben! Ein völlig neues Gefühl stellt sich bei diesen Ansitzstunden ein. Wenn dann noch Reh und Sau auf wenige Meter ganz unbedarft unseren Sitz frequentieren, dann ist das Erleben perfekt. Ich habe oft gestaunt, wie nah – obwohl ich der Meinung war, dass das Stück unbedingt Wind von mir haben musste – gerade Rehwild sich scheinbar vollkommen arglos dem Sitz näherte. Manches Stück ist dabei der eigentlich geplanten Erlegung dadurch entgangen, weil es, wenn es denn endlich frei stand, irgendwann einfach zu nah war und man sich ums Verrecken nicht traute, seine Sitzposition so dicht am Wild zu verändern. Wahnsinn!

Am Rand einer Abteilungslinie hatte ich mir eine transportable Erdkanzel aufgestellt. Die Kanzel konnte ich ohne große Probleme von einem Höhenwanderweg aus erreichen. Vor der Kanzel verlief auf ca. sechzig Meter ein starker Wechsel. Bei der herrschenden Hauptwindrichtung von Südwest war das eine optimale Sache. Viele

Stunden habe ich hier Sommer wie Winter verbracht, viel erlebt und einiges erlegen können. Der Abtransport des Wildes bis zum nächsten fahrbaren Weg wurde allerdings mit der jeweiligen Stärke des Stückes immer heftiger. Aber, was soll's? Wer A sagt, …!

Es war, wenn ich mich recht entsinne, so kurz nach der Blattzeit, als ich auf die Idee kam, doch wieder einmal meine Erdkanzel aufzusuchen. Es war schon eine Weile her, dass ich dort gesessen hatte. Dieser Abend ist mir aus zweierlei Gründen in Erinnerung geblieben. Der erste Grund war eine Fledermaus. Langsam und leise war ich vom Höhenweg zu der Kanzel gepürscht, hatte Platz genommen, Büchse und Glas auf das Sitzbrett gelegt und wollte nun die Luken öffnen. Rechts und links waren schon aufgeklappt, es fehlte noch die Frontluke. Beim langsamen Öffnen der Luke hatte ich urplötzlich etwas am Ohr hängen. Beinahe hätte ich vor Schreck laut losgekräht, riss mich aber zusammen und tat einen Wischer am Ohr. Peng, knallte irgendetwas Weiches gegen die Seitenwand, prallte flatternd gegen den nächsten Pfosten, landete kurz auf dem Ablagebrett, verharrte für Sekunden und entschwand ins Freie. Eine Fledermaus! Menschenskind nochmal, hat mich das kleine Biest erschreckt. Nun war ich aber mal munter. Ich habe eine ganze Weile gebraucht, bis ich wieder normale Schwingungen hatte. Eine sofort erfolgte Inspektion der Decke und Randbretter ergab keine weiteren Untermieter. Oh Mann!

Es ging schon auf die Dämmerung zu, als ich, immer noch über mein Fledermauserlebnis sinnierend, rechterseits ein leises Knacken in der Dickung vernahm. Oh, Sauen? Ruhe. Dann wieder leises Knacken, das sich jedoch in der Verjüngung von mir entfernte. So schien es jedenfalls. Langsam nahm ich trotzdem schon mal die Büchse auf die Schießleiste, um im Falle einer „nahen" Begegnung so wenig Lärm wie möglich zu machen. Das Geräusch, mal leiser, mal intensiver, nahm nun wieder meine Richtung an. Fest mit einer Sau rechnend, ging ich schon einmal in Halbanschlag. Und dann ... war ich erst richtig enttäuscht, als es auf fünfzig Meter rot am Rand des Rückweges wurde und ein schwaches Reh auf den Weg zog. Da stand ein Jährling mit winzigen Spießchen vor mir und schickte sich an, auf der anderen Seite wieder einzuwechseln. Dieses kleine Böckchen hatte so einen Lärm in der Verjüngung fabriziert, dass ich fest in dem Glauben war, ein Stück Schwarzwild in Anblick zu bekommen. So kann man sich täuschen. Der Jährling bekam auf die kurze Distanz eine gute Kugel, schaffte es noch ein paar Meter in die Verjüngung, bis mir nachlassendes Schlegeln das Ende des Jährlings verkündete. Das war das Finale eines schönen Ansitzabends in meiner Erdkanzel. Ob die Fledermaus als gutes Omen zählen kann, vermag ich nicht zu sagen. Ähnliche Zusammentreffen zwischen den Jägern der Nacht

Unsere Buschhütte.

und erfolgreichen Ansitzabenden habe ich bis zum heutigen Tag nie wieder erlebt.

Das heißt – etwas Ähnliches schon. Nur waren es andere Kreaturen, die kurzfristig einen gelinden Schock auslösten. Meine Familie und unsere Farmerfreunde aus Namibia hatten sich in einer Lodge unweit der Etosha-Pfanne eingemietet. Jedes Paar hatte einen eigenen kleinen Bungalow und war nach des Tages Hitze froh, sich nach dem Sundowner auf die Pritsche zu begeben. Da ich die Klimaanlage wegen der Geräuschkulisse nicht einschalten wollte, öffnete ich direkt über meinem Bettkopfteil ein kleines Fenster. Das heißt, ich kippte das Ding zu einem eigentlich recht schmalen Spalt an. Ich war just eingeschlafen, als ich in meinem Gesicht etwas Weiches, Haariges verspürte. Schock!!! Unter Mithilfe eines wahrlichen Urschreies ergriff ich dieses Monstrum, das ich in der rabenschwarzen Nacht nicht identifizieren konnte, und schleuderte es von mir. Nachdem es meiner Frau endlich gelungen war, eine Lampe anzuschalten, sah ich gerade noch den Schwanz einer stabilen Katze unter der Gardine des Terrassenvorhanges verschwinden. Gott sei Dank nur eine Katze, wenn auch eine recht stabile! Warte, du Mistvieh, wie kannst du mich so erschrecken! Ich öffnete die Terrassentür – und schwupp, war der Carlo draußen. Ich glaube, ich habe die restliche Nacht nicht mehr gepennt. Das zweite liebe Tier, das mich um meinen Schlaf brachte, war eine Tüpfelhyäne. Wir hatten uns am Okavango in einem wahrlich naiven Camp eingemietet. Wir pennten in winzigen Eingeborenenhütten, die ringsum nur mit recht instabilen Schilfmatten ausstaffiert waren. Das Dach bestand aus Gras. Und in diesem Dach lebte so allerhand Getier und sorgte für fortwährende Unterhaltung. Speziell des Nachts. Türen gab es nicht, und die Toilette war außerhalb der kleinen Schlaf-Wohn-Hütte. Tolle Sache! Die Nacht war finster, wie sie finsterer nicht sein konnte. Irgendwann schlummert man ja doch ein, nicht wahr. Da man als Jäger ja immer nur mit einem Auge und einem Ohr schläft, entging mir nicht, dass da irgendetwas um unseren Mini-Kral schlich. Schnell überlegte ich, ob wir irgendwelche Klamotten draußen gelassen hatten und es dafür nun Interessenten gab. Das Resultat war negativ. Was war es denn, was da rumgeisterte? Innerhalb von Sekunden bekam ich die Antwort. Das langgezogene und in einem irren Gelächter endende Heulen einer Hyäne neben unserer Kemenate ließ für Sekunden das Blut gefrieren. Ich bin normalerweise nicht so schnell zu beeindrucken, aber dieses „Huuuuuiiibjajaja“ ist mir gehörig in die Knochen gefahren. Genauso bin ich dementsprechend vom Lager hochgefahren, um das liebe Tier in Anblick zu bekommen. Meine dabei erzeugten Geräusche haben den nächtlichen Besucher wohl zu spontaner Flucht veranlasst. Die Spur dieses lieben Tieres fanden wir bei Tageslicht keine fünf Meter neben unserer Hütte. Saugut!

Doch nun wieder in heimatliche Gefilde. Das nächste Gebilde, das speziell für die Rehwild- und Fuchsbejagung mir etliche fantastische Wildbegegnungen spendiert hatte, war ein stinknormaler, durch Scharniere auseinanderklappbarer Schirm. Ohne Schnörkel, ohne Dach, aus einfachen Dachlatten hergestellt, mit einem flexiblen Sitzbrett versehen, konnte ich dieses praktische Teil heute hier und morgen dort einsetzen. Tolle Sache. Wenn der Schirm für längere Zeit am Standort blieb, tarnte ich ihn mit frischen Zweigen der umstehenden Bäume. Zwischen den Querlatten angebunden, taten sie meist so lange ihren Job, bis sie vergammelt waren oder aber durch frische Zweige erneuert werden mussten. An diesem Schirm ist mir an einem späten Juniabend einmal ein Überläuferkeiler so nah auf die „Pelle“ gerückt, dass ich ihn hätte streicheln können. Natürlich habe ich mir das verkniffen, nicht wahr!? Und noch etwas habe ich mir verkniffen. Ich traute mich absolut nicht, auch nur einen Finger zu rühren, das Einzige, was sich noch rührte, waren die Augen, die den auf ca. einen Meter vorbei„bummelnden“ Schwarzkittel nicht mehr ausließen, bis er auf Distanz war. Nicht zu fassen, hat der denn seine Nase nicht dabei? Der muss doch Wind von mir haben!? Ich weiß noch ganz genau, dass mir hingegen der schwere Geruch des Stückes förmlich in die Nase kroch. Herrschaftszeiten, hussa! Übrigens, ich hätte das Stück, als es auf zwanzig Schritt halblinks scheibenbreit nach alten Eicheln brach, schießen können. Habe ich aber nicht. Ich glaube, ich brauche das nicht zu erklären. Ebenfalls an diesem Schirm hat mich eines Abends ein strammer Waldhase beehrt. Lampe hoppelte in aller Gemütsruhe bis auf dreißig, vierzig Zentimeter an meine rechte Seite und zeigte mir, welche Pflanzen ihm hier am Rande des Altholzes besonders behagten. Einfach faszinierend, wenn man Mümmelmann aus dieser Distanz beobachten kann. Lustig anzuschauen, wenn der Halm im Äser immer kürzer wird. Ist der erste Hunger gestillt, macht Lampe einen Kegel und sichert. Es folgt ein Teil Körperpflege. Er

Der „jestriffene“ Schirm.

setzt sich auf die Keulen, um sich mit beiden Vorderläufen die Löffel von hinten nach vorn zu streichen. Absolut spitze! Ja, und wenn man es schafft, ganz ruhig zu sitzen, so wird man erleben, dass auch gefiederte Waldbewohner auf der Schießleiste kurz vor dem Jäger landen und je nach Nervenkostüm noch eine Weile ausharren, nachdem sie denselben erkannt haben.

Mit einem Erdsitz, den ich mit Freunden recht aufwendig zwecks Fuchsbejagung gebaut hatte, habe ich leider keine guten Erfahrungen gemacht. Reineke nahm so gut wie nie das dargebotene Luder an, und viele Stunden vergeblichen Ansitzens über einen mehrjährigen Zeitraum, haben mir diese Anlage verleidet. Schade, Platz und Windrichtung waren optimal. Reineke jedoch wollte nicht in meinen Rucksack einschliefen. Da macht man sich schon Gedanken, warum das nicht geklappt hat. Vielleicht muss man solche Erfahrung auch einmal machen? Jedoch das Positive dieser jagdlichen Einrichtungen hat bei mir, solange ich diese benutzt habe, immer überwogen. Nirgendwo sind wir unserem Wild und anderen freilebenden Tieren näher als auf den Bodenanlagen. Aus diesem Grund habe ich mich immer wieder gefreut, wenn meine Freunde auf ihrer Farm in Namibia Schirme für Ansitze an unzugänglichen Stellen im Busch installierten. Das war doch mal was. Allerdings muss ich gestehen, dass meiner Frau und mir manches Mal ganz schön das Herz geblubbert hat, wenn ein starker Warzenschweinkeiler unserem Sitz recht nahe kam. Sicher sind sie nicht gefährlicher oder harmloser als unsere Sauen, jedoch während der Rauschzeit weiß man ja nie, was in so einem Galan vorgeht!? Immer wieder waren wir überrascht, wie unbedarft sich auch die Großantilopen unserem mit frischen Zweigen und Tarnnetzen verblendeten Sitz näherten. Manches Mal traute man sich kaum zu atmen. Richtiges Fracksausen bekamen wir an einer Wasserstelle, als wir unmittelbar hinter unseren Stühlen die recht imponierenden Trittsiegel eines Leoparden registrierten. War aber nichts. Nicht ein Haar haben wir von Chui gesehen. War auch besser so. Auf ein so „enges" Zusammentreffen kann man getrost verzichten. Die Stunden hinter diesen Schirmen bleiben unvergessen. Ebenfalls unvergessen bleibt die Erlegung eines jungen Weißwedelhirsches im schönen Ontario. Wir saßen in einem recht primitiv gebastelten Schirm auf alten Campingstühlen an einer Abbruchkante und schauten in das unter uns liegende Tal mit wiederum ansteigendem Gelände auf der Gegenseite. Eigentlich traute ich diesem Schirmfragment nicht viel an Stabilität zu. Es wackelte an allen Enden, sowie man sich nur ein wenig bewegte. Und doch bekam der Hirsch von der leicht schwebenden Schießleiste durch eine Lücke der wahnsinnigen Naturverjüngung hindurch eine gute Kugel. Bei so positiven Erlebnissen mit Bodensitzen entsteht irgendwann ein bisschen Liebe zu ihnen. Ich denke, dass ich mir im kommenden Jagdjahr wieder so ein Gebilde gönnen werde. Einen Platz dafür habe ich schon ausgeguckt.

Wer war das?

Was du nicht kennst …

… das schieße nicht tot! Dies ist der Teil eines allgemein bekannten Verses, der unter anderem gern bei dem Prozedere zum Jägerschlag zitiert wird. Als ehemaliger Lehrgangsleiter wird auch heutzutage noch häufig die Bitte an mich herangetragen, Kursabsolventen, die das Ziel der Klasse erreicht haben, zur Jägerin bzw. zum Jäger zu schlagen. Das tue ich natürlich sehr gern, zumal das meistens anlässlich des Schüsseltreibens nach einer Drückjagd der Fall ist. Da kann man auch gleich der restlichen Bande noch ein wenig Brauchtum nahebringen. Klappt immer wieder und kommt ausnahmslos gut an. Jedoch, jedes Mal, wenn ich bei dem anfangs zitierten Satz angelangt bin, zwickt es mich in der Magengegend, und meine eigenen diesbezüglichen „Fehltritte" erscheinen vor meinem geistigen Auge. Nur wer zu seinen Schandtaten steht, kann sie auch abschließend abhaken. Und doch, manches Mal zwickt es eben noch.

Mit meinem jüngeren Bruder, der sich just im aktuellen Jungjägerkurs befand, hatte ich mehrere Stunden bei hohem Schnee und eisigem Ostwind an einer Feldkante auf den Fuchs gepasst. Wer nicht kam, war Reineke. Nachdem wir kurz vor dem Erfrierungstod waren, machten wir uns mit klammen Knochen auf den Heimweg. Die Kriecherei gegen den Wind durch die hohen Schneewehen war die reinste Lust. Tief nach vorn gebeugt, um den ekelhaften Ostwind nicht direkt ins Gesicht zu bekommen, zog ich Spur fur den Bruder. Plötzlich bemerkte ich ein leichtes Ziehen an meinem Mantel. Ich drehte mich um und konnte erkennen, dass der Bruder, nach vorn nickend, „Fuchs!" hauchte. Fuchs? Wo? „Auf gut hundert Meter hockt er am oberen Grabenrand." Ja, da war etwas. Im Glas konnte ich wohl ein aufrechtes Etwas erkennen – und ja, da wehte die Lunte ja im Winde. Ich nahm das Glas herunter, wischte die Tränen ab und nochmals das Glas an die Augen. „Meinst du, es ist ein Fuchs?", fragte ich den Bruder? Der nickte nur. Klar, nun meinte ich auch, ganz deutlich Gehöre zu erkennen. Na, denn man tau! Ich nahm die Büchse von der Schulter, ging recht mühsam in Kniestellung, hatte Reineke im Absehen und riss Funken. Unabhängig davon, dass man bei dem ekelhaften Wind den Schuss so gut wie nicht gehört hatte, war Reineke immer noch am Platz. Ich drehte mich zum Bruder um. Er hob die Schultern an: „Keine Ahnung, es hat aber so komisch gepfiffen." Gepfiffen? Also, Abmarsch zu dem mysteriösen Fuchs. Am Ort des Geschehens angelangt, hätte ich bald einen Schreikrampf bekommen, und nur der ekelhafte Wind hielt mich davon ab, mich im Schnee zu wälzen. Ich hatte auf einen Feldgrenzstein geschossen! Jau, einen akkuraten Grenzstein. Dass ich mich durch eine flatternde Düngertüte, die die Lunte suggerierte und am Stein festgebunden war, habe verleiten lassen, war schon grenzwertig genug. Dass aber ein ramponierter Holunderstrunk für die Gehöre herhalten musste, setzte der ganzen Sache die Krone auf. Da galt auch kein noch so ekelhafter Ostwind als Entschuldigung, das war schlichtweg Schlamperei. Von da an galt es, besser anzusprechen und im Zweifelsfalle den Finger gerade zu lassen. Der Grenzstein hat es mir nicht übel genommen, aber die Schmarre der .30-06 kann man heute noch sehen. Als ständiges Mahnmal sozusagen!

Scheinbar eignet sich der Fuchs wie keine andere Wildart zu Ansprechfehlern!? Auf einer Kanzel hockend, wartete ich bei gutem Mondlicht Mitte November auf Sauen. Vor der Kanzel lag der Rest einer Eichenkrone, in der ich seit geraumer Zeit einen Luderplatz eingerichtet hatte. Irgendwann kam Reineke vorbei und verschwand sofort in der Krone, in der er zu Recht leckere Sachen vermutete. Ich langte zur Büchse, lancierte sie vorsichtig aus der Luke und suchte den Fuchs im Absehen. Nanu, wo war er? Eben war er doch noch da. Ah, da ist er ja, der Schelm. Als ich Reineke im Absehen hatte, schoss ich. Wie eine Furie verließ ein Fuchs die Krone und ward nicht mehr gesehen. Was war das denn? War da noch ein zweiter Fuchs in der Krone? Als ich mit dem Glas meinen scheinbar glücklich erlegten Fuchs suchte, fand ich … den immer noch in der Krone verhoffenden Reineke. Komische Sache, ich wurde nicht schlau daraus. Also, abbaumen und nachschauen. Was soll ich sagen? Mein „erlegter" Fuchs war ein massiver Eichenast. Da, wo ich das Blatt vermutet hatte, saß auch die Kugel. Schwacher Trost. Wie kann so etwas passieren? Freiherr von Cramer-Klett hätte dazu wohl gesagt: „Spiel der Lichter und Schatten". Wiederum nicht aufgepasst. Auch wenn hier, bis auf den Eichenast, niemand Schaden genommen hatte, habe ich eine Zeitlang über dieses Erlebnis nachdenken müssen.

Das nachfolgende Erlebnis zeigt, wie gut und richtig es ist, sorgfältig anzusprechen und beim leisesten Zweifel den Finger gerade zu lassen. Mit einem Praktikanten hatte ich an einem Dezembertag am späten Nachmittag noch einige potentielle Weihnachtsbäume ausgezeichnet. Auf der Fahrt zur Försterei war es trotz des Schnees schon recht dämmerig. Als wir, aus einer Serpentine kommend, in den folgenden, stark abschüssigen Weg einbogen, stoppte der Praktikant das Auto. „Da vorn sitzt ein Fuchs auf dem Weg!" Ja, auch ohne Glas konnte man einen dunklen Körper erkennen, der scheinbar Gehöre hatte. Wie ein Fuchs eben. Sofort langte ich nach hinten zu meiner Büchse. Die hatten wir zu der Zeit immer dabei, um den weiblichen Rehwildabschuss bei sich bietender Gelegenheit zu erfüllen. Im Absehen kam mir der vermeintliche Fuchs jedoch ein wenig eigenartig bezüglich der Körperform vor. So fett ist doch kein Fuchs. Ich bat den Praktikanten, durch sein Glas zu schauen. „Na klar ist das ein Fuchs, was denn sonst? Aber nee, warte mal, komisches Tier! Ich glaube, es ist ….“ Und weiter kam er nicht. Denn in diesem Moment nahm sich der „Fuchs“ auf, bekam Luft unter die beeindruckenden Schwingen und glitt ohne eine weitere Bewegung derselben elegant bergabwärts. Das hörbare Luftablassen kam beim Praktikanten und mir synchron. Ein wenig sorgloser beim Ansprechen, und ich hätte einen der wenigen Uhus erlegt, die seit einiger Zeit wieder in unserem Höhenzug brüteten. Oh Mann, da hatte nicht nur der Auf Glück gehabt, nein, in nicht geringem Maße auch ich. Ich weiß nicht, was mein Revierleiter gesagt hätte, wenn ich ihm den toten Uhu präsentiert hätte? Was du nicht kennst …

Als die nachfolgende Geschichte passierte, waren fast alle Greifvögel noch jagdbar. Erst 1977 wurden sie per Verordnung unter ganzjährige Schonzeit gestellt. Bis zu dieser Zeit war es für die ältere Jägergeneration noch völlig normal, auf alle Krummschnäbel Dampf zu machen. In unserer Försterei gab es zu diesem Zeitpunkt bereits ein Abschussverbot für alle Greifvögel. Eigentlich wurden sie ja damals noch Raubvögel genannt. In der Liste für Abschußentgelt waren sie allerdings noch längere Zeit zu finden. Ich bin noch einmal in den „Genuss“ eines Schussgeldes für einen Mäusebussard gekommen. Die damalige Ausnahmegenehmigung kam vom Amt für Naturschutz und sollte den überhöhten Bussardbesatz an einer waldnahen Behindertenwerkstatt reduzieren. Ein Individuum hatte mehrere Male einen der Werkstattangehörigen angegriffen. Spaß gemacht hat mir dieser Auftrag nicht, zumal ich als Jugendlicher einen Bussard großgezogen hatte und sowieso ein Greifvogelfan bin.

Anlässlich eines in der damaligen Zeit stattfindenden Taubentags stand ich am frühen Morgen in einem lichten Lärchenbestand und hatte schon recht guten Anflug der blaugrauen Vögel gehabt. Tolle Sache. Eine wahre Lust, an dem herrlichen Märzmorgen auf Tauben zu jagen. Es fielen fast ohne Unterbrechung Tauben ringsum ein, die hier eine kurze Zwischenlandung machten, bevor sie weiter in die Felder abstrichen. Dementsprechend rege musste ich mit der Flinte sein und hatte auch ordentlich Erfolg dabei. Ich hatte gerade nachgeladen, als ich im rechten Augenblick einen grauen „Wischer" registrierte, der fast im gleichen Moment auch schon getroffen auf dem Waldboden aufschlug. Das war aber mal schnell gegangen – und ein wahrlich toller Schuss! Mit nicht unerheblich geschwollener Brust marschierte ich auf den Absturzplatz zu und musste umgehend meinen Brustkasten auf normales Volumen zurückfahren. Oh Sch...! Vor mir lag ein Sperberterzel und rührte keine Feder mehr. Das war zwar nicht dramatisch, weil die Greifvögel ja noch eine Jagdzeit hatten, aber mir selbst ging das mächtig gegen den Strich. Hier gab es kein Warum und Wieso, hier hatte ich mich im „Rausch" des Taubenanfluges mit der daraus resultierenden Arbeit an der Flinte dazu hinreißen lassen, gleich Dampf zu machen. Ohne genaues Ansprechen. Auch das hat eine Zeitlang gedauert, bis ich das verarbeitet hatte. Solche Ereignisse sind sehr lehrreich; man muss nur bemüht sein, diese Lehren auch anzunehmen!

„Das ist des Jägers Ehrenschild,
das er beschützt und hegt sein Wild,
Waidmännisch jagt, wie sich's gehört,
den Schöpfer im Geschöpfe ehrt."
(sprach Herr Riesenthal schon 1848)

Und:

„Das ist des Jägers heilig Gebot,
was du nicht kennst, das schieße nicht tot!"

In diesem Sinne, liebe Jägerinnen und Jäger, jagen Sie mit Freude, aber mit einem gerüttelt Maß an Sorgfalt!

Gibt es nicht mehr, ...

... kommt nicht wieder, das hat sich wohl für alle Zeiten erledigt, der Klimawandel ist schuld! Und was weiß ich, was es da noch alles an Mutmaßungen und Meinungen über nicht mehr vorhandenes Winterwetter in unserer Region, dem nördlichen Harzer-Vorland, gab. Immer wieder, wenn man mit den lieben Freunden über vergangene fantastische Winternächte mit viel Schnee schwärmte, verspürte man die Sehnsucht danach. Auch mir erging und geht das nicht anders. Viele der vor etlichen Jahren erlebten und genossenen Schneenächte tauchten wieder vor dem geistigen Auge auf. Teilweise recht lange und kalte Ansitze. Aber, die dabei ausgestandenen Qualen verklären sich im Verlauf der Jahre. Vergessen sind die bis zur Schmerzgrenze ausgehaltenen Kältegrade. Vergessen die „Freude“, wenn der Käfer nach einigen Stunden zur wahren Tiefkühltruhe mutiert war und ein heiß ersehnter Abmarsch, um schnellstmöglich in die warme Bude zu kommen, noch dadurch erschwert wurde, dass die nächste Serpentine uns aus der festgefrorenen Schlepperspur in das Altholz lancierte. Saugut! Nicht vergessen sind die glücklichen Erlegungen von Fuchs und Sau. Auch wenn deren Bergung bei extremen Schneeverhältnissen wiederum Pein erzeugen konnte. Die letzten Winter waren tatsächlich weit von den geschilderten Zuständen entfernt. Richtiges Schmuddelwetter, nichts Halbes und nichts Ganzes. Winter, die auch miese Sommer hätten sein können. Also, richtiges Winterwetter gibt es nicht mehr.

Gibt es nicht mehr? Von wegen! Der Schnee, der unsere Region am ersten Februarwochenende 2021 beehrte, strafte diesen Aussagen Lüge. Anfänglich hat es ca. vierundzwanzig Stunden heftig geschneit, sodass an einigen Stellen bis 35/40 cm lagen. Toll! Auch die folgenden Minustemperaturen, es wurden von einigen Wetterfröschen 25° avisiert, ließen nostalgische Gedanken im jagdlichen Geschehen aufkommen. Fakt war, dass der öffentliche Verkehr lahmgelegt wurde. Ein Befahren der Wirtschaftswege in meinem Pirschbezirk unmöglich. Also, bis zur geräumten Straße mit anschließendem Parkplatz fahren und dann auf Schusters Rappen in den Busch. Schauen, wie es dem Wild geht.

„Was habt ihr eigentlich im Winter 1978/79 gemacht?", war die Frage eines Jungjägers während eines Handy-Klönschnacks. Tja, was haben wir gemacht damals? Im November '78 gab es schon einmal einen Wintereinbruch mit massiven Minusgraden, danach wurde es bis Weihnachten wieder etwas milder. Nach dem Fest jedoch gab es Schnee ohne Ende. Und es wurde kalt. Bis 25°- fiel das Thermometer. Die Forstwirte unserer Försterei gingen ins sogenannte Schlechtwetter. Weitere Aktivitäten beim Starkholzeinschlag waren nicht möglich. Die Wirtschaftswege waren mit dem PKW nicht mehr befahrbar. Einen Geländewagen bzw. einen SUV besaß zu der Zeit niemand. Auch sie hätten bei der Schneehöhe und den teilweise recht hohen

Zu viel Schnee ist auch nicht gut.

Wehen keine Chance gehabt. „Wir müssen die Raufen für die Rehe und auch die Fasanenschütten beschicken, wie wollen wir das machen?“ Der Förster schaute in die Runde. Ich bot mich an, bis zum Waldeingang mit meinem Käfer zu fahren, um zu ergründen, wie hoch der Schnee in den Wegen lag. War nix. Bereits kurz hinter dem Ortsausgangsschild steckte ich mit meiner Karre fest. Die Praktikanten mussten mich wieder freischaufeln. Nun war guter Rat teuer. Der Jagdaufseher kam auf die Idee, den alten Unimog zu aktivieren und damit die Fütterungen zu beschicken. Er nahm die extrem zugewehte Strecke bis zur Maschinenhalle, ca. 1 km, unter die Sohlen und erreichte diese wohl nach einer guten Stunde völlig ausgepumpt. Aber, bald hörten wir den Unimog-Veteran auf den Hof der Försterei einfahren. Na bitte!

Das Abklappern der Schüttungen und Fütterungen klappte gut. Der 54er Unimog zog zuverlässig seine Runden. Und das einige Wochen lang. Niemand hätte geglaubt, dass uns dieser Winter bis Mitte März beglücken würde. Hat er aber. Unser Oldie half uns bis zu dem Zeitpunkt, als weiterer Schneefall auch ihm aufzeigte, wo seine Grenze ist. Im hoch angewehten Schnee an einer Wald-/Feldkante rutschten wir vom Weg ab und „versanken“ regelrecht in der weißen Pracht. Aus! Selbst der damals schon nicht gerade mickrige Schlepper des um Hilfe gebetenen Bauern hatte große Mühe, uns freizuschleppen. Den Vorschlag des Chefs, die Säcke auf einen Rodelschlitten zu laden, konnten wir gleich zu den Akten legen. Der beladene Schlitten versoff regelrecht in der Schneemasse und war nicht mehr zu bewegen. Seit diesem Zeitpunkt ging es zu Fuß weiter. Jawohl, zu Fuß! Sack über den Buckel – und ab ging die Post. Ich kann bescheinigen, dass jeder Besuch eines Fitness-Studios ein Schmarrn dagegen war.

Aufgrund der nachhaltigen Versorgung des Wildes während dieser Notzeit gab es gottlob wenig Fallwild. Ein kleines „Dankeschön“ kam von den Rehböcken. Den Herren, denen das Gehörn locker wurde, kam die Querlatte des Futtertroges zu Hilfe. Bis zum Ende dieses eisigen, schneereichen Winters konnte ich eine erkleckliche Anzahl an Stangen in die Tasche stecken. Das, lieber Jungjäger, haben wir anno 1978/79 gemacht.

Das „Dankeschön“ der Rehböcke.

The right of way!

Salopp könnte man den Titel wohl mit dem Begriff „Wegerecht“ übersetzen. Und darum geht es in den nachfolgenden Zeilen. Dieser Text steht auf einer nostalgisch aufgemachten blechernen Reklametafel eines bekannten amerikanischen Waffenherstellers, die sich an meiner Fotowand befindet. Die Abbildung dazu zeigt einen recht schmalen Pfad im Hochgebirge, auf dem sich in einer Kurve ein starker Grizzlybär und ein Jäger begegnen. Unabhängig davon, dass man als Flachlandbewohner allein schon beim Anblick des schmalen Pfades das Fracksausen bekommt, kräuseln sich einem die Nackenhaare ob der Situation. Wie das Ganze ausgehen könnte, bleibt der Fantasie des Betrachters überlassen. Der dem Jäger wohlgesonnene Betrachter weiß um die scheinbare Überlegenheit des Büchsenträgers. Der dem Jäger zwar ebenfalls alles Gute wünschende Mensch gibt der zähen Kreatur allerdings auch eine Chance. Auch nach erfolgtem Waffeneinsatz. Nun ja.

Wer schafft es?

Als Jäger im südlichen Niedersachsen denkt man natürlich nicht im Entferntesten daran, dass einem das passieren kann. Zumindest nicht mit einem Bären. Wolf und Luchs sind da schon eher möglich.

In meinem Pirschbezirk befindet sich in unmittelbarer Nähe eines Wirtschaftsweges unter einer Starkstromleitung eine verwilderte Fläche. Zwischen dem Weg und der Fläche stockt eine ca. vierzigjährige Fichtenkulisse, die mit allerlei Weichhölzern durchsetzt ist. Inmitten der Fichten verläuft ein kleiner Bach mit recht steilen Randbereichen. Über dieses Rinnsal habe ich mir aus dicken Bohlen einen kleinen Steg gebaut, um trockenen Fußes zur Leiter zu kommen, die am jenseitigen Rand der Fichten steht. Tolle Sache, toller Ansitzplatz. Hier sitze ich gern. Vom Steg bis zur Leiter habe ich einen Pirschpfad angelegt, den ich peinlichst sauber halte. Aufgrund der Nähe zur Äsungsfläche ist es unbedingt notwendig, so leise wie möglich zur Leiter zu kommen.

The right of way. In diesem Jahr bemerkte ich erstmals, dass Rehe, aber auch Sauen regen Gebrauch von dieser gepflegten Anlage machten. Zumal direkt neben der Leiter ein vom Bewuchs immer kurz gehaltener Pfad bis zu einer am Hang liegenden Kirrung verläuft, um bei Schmuddelwetter einigermaßen trocken dorthin zu gelangen. Das hat zweifelsohne auch das Wild erkannt. Im Laufe der Zeit nutzten die Sauen einen Holm der Leiter gar als Malbaum. Der Hammer! Aber irgendwie fand ich es toll, dass das Wild meine diesbezüglichen Bemühungen akzeptierte. Dass Dachs, Fuchs und Waschbär meine Streckenführung mittlerweile ebenfalls

Tolle Fegestelle.

in Ordnung befanden, versteht sich von selbst. Der reinste Lehrpfad für Losungskunde. Im Frühjahr entdeckte ich an den zu beiden Seiten des Pirschpfades befindlichen Birken, Weiden, aber auch schwachen Fichten überaus massive Fegestellen. Donnerwetter, der Knabe machte ja einen mächtigen Alarm um seinen Einstand. Gesehen habe ich den vermutlichen Verursacher eines Abends am gegenüberliegenden Hang. Der Bock zog an die Salzlecke, die direkt neben der Kirrung installiert ist. Es war allerdings schon ziemlich düster, sodass ich ihn wohl noch ins Glas bekam, aber mir der Schuss bei diesem schlechten Licht zu gewagt war. Genauso geisterhaft, wie er plötzlich an der Salzlecke stand, verschwand er auch wieder. Jedoch war ich nach dieser Begegnung der Meinung, dass ich mir den Bock unbedingt bei Tageslicht anschauen musste. Den Gefallen tat er mir nicht.

Eines Morgens Anfang Juli war ich bei noch starker Dämmerung auf dem Weg zu der Leiter, als ich kurz vor dem Einstieg zum Steg eine Bewegung auf dem Pirschpfad bemerkte. Sofort erstarrte ich. Was war das da auf dem Pfad? Vorläufig konnte ich nur einen recht undefinierbaren, nicht ganz winzigen dunklen Fleck ausmachen. Ob Hinter- oder Vorderteil einer Sau oder eines Stück Rehwildes, war nicht zu erkennen. Ich traute mich nicht, das Glas an die Augen zu führen. Nun zog der Fleck auf mich zu. Aha, also irgendetwas von vorn. Schlagartig fiel mir mein Blechschild ein. Da ich hier mit einem Grizzlybären eher nicht zu rechnen brauchte, tippte ich auf Sau. Natürlich hätte ich freiwillig den Pfad geräumt, nicht wahr. Obwohl ich ja wohl der vermeintlich Stärkere war. Aber, wer hat schon Lust, sich am frühen Morgen mit einer vielleicht schlecht gelaunten Sau anzulegen? Nee, aber dazu kam es nicht. Abrupt hob nun der Fleck sein Haupt. Sieh an, ein Rehbock verhoffte da. Und scheinbar hatte er irgendetwas von mir mitbekommen, denn uns trennten ja nur ein paar Meter. Nun wurde er immer größer, der Hals immer länger, und nach Sekunden des Sicherns drehte das Stück blitzschnell um und ging hochflüchtig ab. Akkurat neben der Leiter und weiter auf dem Pfad in Richtung Kirrung floh er in den Hang und war in Sekunden verschwunden. Gottlob, ohne zu schrecken. Donnerwetter! Gern hätte ich ihm den Vortritt gelassen. Allein schon, weil ich dann gewusst hätte, was er auf dem Kopf hat, wenn er bei mir vorbeidefiliert wäre.

Das habe ich zwei Wochen später gewusst. Noch bei gutem Büchsenlicht zog er am Abend in die Fläche. Nach kurzem Ansprechen ließ ihn eine gute Kugel auf der Stelle verenden. Ein nur kurz vereckter, ungerader Sechser, der sicher seine beste Zeit schon hinter sich hatte. Meine Freude über die Erlegung wurde nur kurzfristig dadurch getrübt, als ich beim schwungvollen Wurf des Stückes vom Steg aus auf die andere Grabenseite das Gleichgewicht verlor und ins Wasser knallte. Als wenn das nicht gereicht hätte, machte es sich der Bock nun, von mir völlig losgelöst und in Richtung Wasser rutschend, auf seinem Erleger bequem. Oh Mann!? Außer meiner Büchse, die ich gerade noch während der Rolle rückwärts auf das Bankett lancieren konnte, war nunmehr bei Bock und Jäger nichts mehr trocken. The right of way!?

Die lieben Hunde!

Nicht die Sauen, die man ja sehnlichst erwartet bei einer groß angelegten Drückjagd, waren die Hauptdarsteller in diesem Treiben. Nein, unsere vierläufigen, unentbehrlichen Jagdgehilfen sorgten für einen anfänglich hektisch agierenden Jäger, der krampfhaft versuchte, eine der drei vor ihm quer kommenden Sauen ins Zielfernrohr zu bekommen. Oh, Mann! Aber, ganz uninteressant ist auch das Geschehen im Vorfeld nicht.

Wir waren drei Jäger in unserer Gruppe, und der uns anstellende Jäger legte anfangs ein ordentliches Tempo vor, um uns auf unsere Stände einzuweisen. Schon nach den ersten Metern dieses recht steil bergauf verlaufenden Pfades wurde mir bei den warmen Temperaturen, jetzt Ende November, ganz schön mollig in meinen dicken Klamotten. Dazu Jagdtasche, Sitzstock und Büchse, na ja, wir schnauften bald wie die Brockenbahn. Und so war ich nicht böse, als einer meiner Gefährten eine langsamere Gangart erbat. Er war mir, wie ich in den Siebzigern stehend, noch ein paar Jahre voraus. Gottlob bekam ich den ersten Stand am Rand einer Rückeschneise und war nicht gram darüber. Toller Platz. Links und rechts Stangenholz bzw. angehendes Stammholz. Ausschließlich Laubhölzer. Meine Nachbarn waren durch Geländeerhebungen nicht zu sehen, und ringsum war guter Kugelfang gegeben. Nachdem ich erst einmal ordentlich ausgeschnauft und mein Equipment in Stellung gebracht hatte, kam nach einem nochmaligen Rundumblick der obligatorische erste Becher Kaffee. Das kann ja mal guttun. Wer weiß, ob man während des Treibens, das in zehn Minuten beginnen sollte, noch dazu kommt. Nun ja, schauen wir mal, was passiert.

Es dauerte gar nicht lange, als die ersten Schüsse fielen und in weiterer Entfernung die Hunde einen Mordsradau machten. Leider entfernte sich die Bail, und ich nahm die Büchse schon mal über die Knie. Man weiß nie, wie schnell Wild mit einem Mal vor einem auftaucht. Siehste wohl, sag ich doch. Reineke kam hochflüchtig halbrechts von mir den Berg hoch und blieb, da er sich im Stangenholz befand, unbeschossen. Alle Achtung, der hatte mal Dampf drauf! Ein prächtiger Fuchs mit einem tadellosen Balg. Geschossen hätte ich eh nicht. Diesen herrlichen Balg mit der 9,3 bleifrei aufs Korn zu nehmen, die mit ihren seltsamen Schusskanälen schon die tollsten Ausschüsse geliefert hat, wäre wohl nicht so toll gewesen. Die Beständer hatten bei der Freigabe betont, nur Füchse zu schießen, wenn sie auch verbindlich verwertet würden. Eine sehr vernünftige Regelung! Aber, pass auf Jägersmann, da kommt hinter mir hochflüchtig ein Reh auf meinen Stand zu. Bock, ganz eindeutig anzusprechen, trotz mittlerweile kurzfristig nicht vorhandener Haupteszier. Nee, gerade Rehwild sollte bei der Schussabgabe alle Läufe auf dem Boden haben. Ohne die Gangart zu wechseln, entschwand der Bock bergabwärts. Im Frühjahr, mit wieder vorhandenem Gehörn, macht er den Beständern sicher mehr Freude, als jetzt auf der Strecke zu liegen. Na bitte, ganz schön was los. Und ringsum knallen die Büchsen. Oftmals veranlasst mich das, die Büchse in Halbanschlag zu nehmen und hoch konzentriert in die eine oder andere Richtung zu schauen. Und dort hinten, so auf ungefähr hundertzwanzig Meter, wird es jetzt schwarz. Sauen! Etliche stärkere Stücke, Halbstarke und eine Menge Frischlinge, wohl um die zwanzig bis dreißig Kilogramm. Donnerschlag! Die Leitbache verhofft – und mit ihr die gesamte Rotte. Sicher um die fünfundzwanzig Sauen. Vielleicht mehr. Das Stangenholz lässt ein genaues

Zählen nicht zu und schon gar nicht einen Schuss auf die Entfernung durch das Stangengewirr. Ein toller Anblick. Leider entscheidet sich die Bache, ihre Rotte bergabwärts zu führen. Pech für mich, Glück für den unten am Weg stehenden Jäger, der zwei Frischlinge aus der Rotte erlegen kann. Kaum, dass es bei meinem Nachbarn geknallt hat, höre ich hinter mir Geräusche und kann gerade noch eine einzelne, starke Sau von mir fort flüchtend erkennen. Keiler! Deutlich kann ich die Steine erkennen. Der hat Wind von mir bekommen. Oh Mann, das war kein ganz kleiner. Nun bin ich aber mal nach allen Seiten munter. Hier ist ja toll was los. Etwas zittrig durch den bisherigen Anblick geworden, und das ist wahrlich nicht durch Kälte bedingt, gönne ich mir noch einen Becher Kaffee.

Just habe ich den Becher wieder auf der Kanne installiert, als rechts unter mir die Hunde ein gewaltiges, giftiges Konzert beginnen, das sich mir nähert. Längst bin ich im Halbanschlag. Drei Sauen kommen, gefolgt von einem Deutsch-Langhaar und einem Jack-Russel-Terrier in meine Richtung. Die erste Sau habe ich im Zielfernrohr und warte nur auf eine Lücke im Stangenholz. Mittlerweile ist die zweite Sau direkt neben der ersten, und zwischen, neben, vor oder hinter ihnen wischt der Langhaar herum. Verfluchte Sch…! An Schießen ist nicht zu denken. Da kann schnell der Hund was abbekommen. Ich nehme die dritte Sau ins Glas und muss feststellen, dass an ihrem Pürzel der Terrier hängt. Jawohl! Das ist ja wohl der Hammer! Das muss man doch mal gesehen haben. Die Sau dreht sich wieder und wieder um

So still standen sie nicht.

sich selbst, um das lästige „Anhängsel“ loszuwerden. Klappt nicht. Die beiden anderen Sauen sind mit dem Langhaar mittlerweile über alle Berge, und meine beiden ungleichen Tänzer sind mir mittlerweile bis auf zehn Meter auf den Balg gerückt. Wahnsinn. Jetzt hat die Sau mich geortet. Vermutlich durch meine fortwährenden Anschlagversuche weiß sie nun, dass nicht nur der Hund, der immer noch an ihrem Pürzel hängt, Interesse an ihr hat. Da sie noch ein paar Gänge mit imposant wirkenden aufgestellten Federn auf mich zu macht, nehme ich notgedrungenerweise schon mal das Haupt ins Zielfernrohr. Wieder eine Drehung, um den Terrier abzuschütteln. Erfolglos. Nach einer weiteren, gewaltig Laub und Dreck aufwerfenden Drehung fliegt der Hund durch die Geographie, und die Sau ist mit einem Blitzstart aus meinem Glas verschwunden. Da sie mir nun den Pürzel zeigt, bleibt der Finger gerade. Außerdem ist ihr, wie sich das gehört, der Terrier schon wieder auf den Fersen. Sie ist schon längst weg, als ich immer noch mit der Büchse am Kopf den giftigen Laut des Terriers verfolge. Jetzt muss ich erst einmal Luft nachfassen und mich fragen, ob ich so etwas schon mal erlebt habe. Habe ich nicht. Zwar habe ich in über fünfundvierzig Jahren jagdlicher Betätigung schon einiges gesehen und erlebt. So etwas aber noch nicht. Tolles Erleben! Übrigens, ich war absolut nicht sauer, dass ich am Ende des Tages nichts auf der Strecke hatte.

Ein Hainberghirsch!

Seit vielen Jahren werde ich von lieben Freunden zu Drückjagden in die Hainberg-Reviere eingeladen. Der Höhenzug Hainberg liegt vorgelagert an der Nordwestseite des Harzes. Da ich im nahen Salzgitter wohne und jage, ist die Anfahrt eine Sache von wenigen Kilometern. Im Gegensatz zu meinem Stammrevier im Salzgitter-Höhenzug, in dem ich anfänglich in den siebziger Jahren überwiegend auf Niederwild, seit vielen Jahren nunmehr auf Sauen und Rehwild jage, gibt es im Hainberg auch Rot-, und Muffelwild. Es ist also immer eine besondere Freude, im „Nachbarrevier" an den stets gut organisierten Drückjagden teilzunehmen. Die zwei Jagd-Gemeinschaften der Ortschaft Heere – Klein- und Großheere – grenzen im Westen an das Revier Baddeckenstedt und im Osten und Süden an das Revier Sehlde an. An der Nordseite der Heere-Reviere schließt bis zur B 6 Feldmark an. Bestockt ist der Höhenzug im Bereich der beiden Reviere zum überwiegenden Teil mit Rotbuche und Esche, häufig mit üppiger Naturverjüngung. Der Zustand der Esche hat sich in den letzten Jahren massiv verschlechtert, und auch die Rotbuche beginnt; wie anderswo auch, zu kränkeln.

Anfänglich in Kleinheere und seit etlichen Jahren in Großheere habe ich erlebnisreiche Jagden miterleben können und auch häufig Erfolg auf alle Schalenwildarten, außer auf Muffelwild, gehabt. Ganz besonders interessierte mich seither das Rotwild im Hainberg. Durch einen befreundeten Jäger, der selbst vor vielen Jahren Pächter der Kleinheerer Jagd war, gelangte ich an eine Broschüre mit dem Titel „Das Rotwild des Hainberges". Das Ding war mächtig zerfleddert und musste erst neu gebunden werden, um es wieder gebrauchsfähig zu machen. Die Broschüre im DIN-A5-Format weist vierzig Seiten auf und gibt einen überaus interessanten Rück- und Ausblick der Entwicklung des Rotwildes im Hainberg. Die Broschüre wurde 1955 vom Landesjagdverband Niedersachsen herausgegeben. Autor war der Oberlandforstmeister Friedrich Vorreyer. Friedrich Vorreyer, ein bekannter Harzer Forstmann, war seinerzeit Leiter des Forstamtes Oderhaus und Mitbegründer und Geschäftsführer des Rotwildrings Harz. Um die Entwicklung des Harzer Hirsches hat er sich überaus verdient gemacht. Auch die Entwicklung der Hirsche des Hainberges vom sogenannten „Kümmerer“ mit maximal sechs Enden bis hin zu starken Hirschen ist hochinteressant. Schon vor dem ersten Weltkrieg wurden im Laufe der Zeit auf Initiative passionierter Jäger diverse Blutauffrischungen mit Wild aus allen möglichen Gegenden des Reiches durchgeführt. Kurioserweise gab und gibt es wohl auch bis zum heutigen Tag keine Kontakte zu der nahen Harzpopulation. Die Rotwildpopulation des Hainberges stellt somit eine „Inselpopulation“ dar. Auf weitere Einzelheiten der weiteren Entwicklung des Hainberghirsches einzugehen, würde den Rahmen dieses Kapitels sprengen und war auch nicht angedacht. Fakt ist, dass es heutzutage starke Hirsche im Hainberg gibt.

Die Freigabe zu der jährlichen sogenannten großen Hainbergjagd, die gemeinsam mit den umliegenden Revieren auf ca. 3.000 ha durchgeführt wird, war auch in diesem Jahr wieder recht großzügig und ließ bereits beim Jagdfrühstück eine frohe Erwartungshaltung bei der Jagdgesellschaft aufkommen. Beim Rotwild waren dann auch 6er und 8er Hirsche sowie ein Eissprossenzehner frei. In meinen nunmehr fünfundvierzig Jagdjahren habe ich es geschafft, nicht weniger als fünf Mal auf geringe Hirsche zu patzen. Nicht zu fassen. Und das trotz vermeintlich sorgfältiger Arbeit an der Waffe. Jedoch, in allen

Fällen stellte sich der Mensch hinter dem Zielfernrohr als Fehlerquelle heraus. So etwas nervt.

Nachdem mich meine Gruppenführerin Heike an meinem Drückjagdbock abgesetzt hatte, richtete ich mich auf demselben ein. Aufgrund einer kurz vor dem Jagdtermin erfolgten Operation hatte ich bereits im Jahr davor diesen „Schonplatz“ bekommen. Auch in diesem Jahr hatte man unlängst wieder in meinem Body rumgeschnippelt, und ich war wiederum heilfroh, keinen weiten Anmarschweg zu haben. Schön, wenn die Organisatoren so etwas berücksichtigen. Das dreistündige Treiben begann damit, dass schon nach kurzer Zeit Ricke und Kitz hochflüchtig auf ca. sechzig Schritt links von mir meinen Stand passierten. Der Bitte des Jagdleiters, doch beherzt beim Rehwild einzugreifen, kann in solch einer Situation nicht entsprochen werden. Ringsum knallte es alsbald mächtig, und die Hunde waren an mehreren Stellen wohl an Sauen geraten. Es war eine tolle Stimmung! Jedes Mal, wenn die Bail näher kam, ging es in Halbanschlag. So muss das sein. Eine Überläuferbache mit zwei winzigen Fröschen kam ebenfalls hochflüchtig den Hang links hinter mir herunter und nahm, auf die gleiche Entfernung wie das Rehwild, den Hang gegenüber an. Schnell waren sie im Altholz verschwunden. Es knackte hinter mir, und eine schnelle Drehung ließ nur noch den Blick auf eine einzelne, etwas stärkere Sau zu. Das Stangenholz hinter mir konnte ich hangaufwärts bis zu einer Abbruchkante ungefähr fünfzig Meter einsehen. Wild, das oben am Grat wechselte, war tabu. Eine fehlgehende Kugel hätte die Luftfahrt gefährdet. Ein einzelnes Alttier kam kurz danach akkurat auf dem Wechsel der Rehe flüchtig den Hang hinunter. Mein Warten auf das eventuell folgende Kalb wurde nicht belohnt. Es kam nämlich keines. Das Alttier dann zu beschießen, war nicht mehr möglich. Tja, so kann's einem gehen. Gut so. Intensives Hundegebell ließ mich wieder in Richtung des vor mir liegenden Buchenaltholzes herumschnellen. Sauen. Eine Rotte von wohl fünfzehn Sauen kam halblinks in hoher Flucht in Richtung meines Standes. Vorweg einige stärkere Stücke, dann etliche Winzlinge, und den Schluss bildeten etwas stärkere Frischlinge. Wenn sie so weiterkommen, könnte es auf einen der letzten Frischlinge passen. Hat es aber nicht. Bereits über hundert Meter vor meinem Stand schwenkte die Leitbache nach rechts und überfiel den Weg in Richtung Dickung. Schade, so einen Wutz hätte ich gern mitgenommen. Nun ja. Erstmal Luft nachtanken – und auf ein Neues. Auch die weitere Zeit wurde nicht langweilig, und oftmals lockte mich die Bail der Hunde noch in den Halbanschlag.

Die letzte Stunde des Treibens nahte, und ich musste mir nun erst einmal einen Pott Kaffee gönnen und meine Leberwurstbrote verdrücken. Gottlob geschah das in einer recht ruhigen Phase des Treibens, und auch die Schüsse wurden weniger. Es wurde allgemein ruhiger. Das sollte sich aber schnell ändern. Ich hatte eben meine Mahlzeit beendet, als mich ein leises Knacken nach hinten schauen ließ. Oh Mann, Kahlwild! Leittier, Kalb, Schmaltier, noch ein Alttier mit Kalb und ... weiter zählte ich nicht. Denn zum Schluss des Rudels kam ein junger Hirsch. Auf die geringe Entfernung von ca. dreißig Meter konnte ich einen schwach vereckten 6er ansprechen. Der passt. Als ich die Büchse am Kopf hatte, verfiel das Leittier in einen flotten Troll. Nun musste alles schnell gehen. Ich hatte im Stangenholz nur eine Schluppe von ungefähr sieben, acht Meter Breite, um den Hirsch zu beschießen. Als der Hirsch in dieser Schluppe im Troll erschien, kam ich auf dem Blatt ab. Im Schuss schlug der Hirsch stark nach hinten aus, was mich sogleich an einen Treffer auf die Leber denken ließ. Umgehend war das Rudel umgeschwenkt und, mir die Spiegel zeigend, über den Grat verschwunden. Mit dem Hirsch. Es dauerte einige Sekunden, bis ich nach meinem Hinterherschauen wieder munter wurde und wie aus einer Starre erwachte. Dann geht das los, was immer kommt, wenn das Stück nicht am Platz liegt. Hat er die Kugel, wenn ja, wo sitzt sie, und ... wie weit mag er wohl noch gehen, wenn er krank ist? Obwohl ich mir meiner Kugel sicher war, kam noch keine richtige Freude auf. Freude über die wahrscheinlich endlich einmal gelungene Aktion auf einen geringen Rothirsch. Gebranntes Kind!?

Nachdem ich mich einigermaßen beruhigt hatte, informierte ich meine Gruppenführerin und bat um ein Nachsuchengespann nach dem Treiben. Das wurde mir nach kurzer Zeit zugesagt. Oh Mann, noch eine knappe Stunde bis zum Ende des Treibens. Das kostet Nerven. Endlich, endlich war die Zeit um. Als Erstes kam ein Treiber und begehrte zu wissen, auf was ich denn geschossen hätte. Nachdem ich ihm das erzählt hatte, bot er sich an, einen großen Bogen zu schlagen. Nett von ihm, aber ich wollte doch lieber auf den Schweißhund warten. Jetzt kam die Gruppenführerin und erzählte, dass sie eine Nachricht meines Nachbarn erhalten hätte. Dieser saß auf

Der Hirsch auf der Strecke.

der Rückseite des Hanges. Dort war das Rudel an seinem Stand vorbei in das vor ihm liegende Altholz geflüchtet. Dort hatte es kurz verhofft, und als die Stücke wiederum flüchtig wurden, sei der Hirsch zusammengebrochen. Nun wurde ich aber mal zittrig! Als wir nach kurzer Fahrt bei dem Nachbarn ankamen, hatten er und zwei weitere Schützen den Hirsch bereits zum Weg gezogen. Ja, das war mein Hirsch. Trotz plötzlich einsetzender weicher Knie freute ich mich gewaltig über den glücklichen Ausgang dieses Erlebnisses. Es geht also doch, das Ding mit den geringen Hirschen. Das Sahnehäubchen der Aktion war, dass ich von meinen Nachbarn beim Versorgen des Stückes überaus tatkräftig unterstützt wurde. Ein wiederum faszinierender Jagdtag im Hainberg ging glücklich mit einem hochzufriedenen und dankbaren Jäger zu Ende.

Ein glücklicher Jäger!

Der Mond!

Freund und Begleiter der Jägerei seit Jahrtausenden. Schon der Urahn, der Ahn, die Altvorderen und auch wir, die Jäger der Jetztzeit, nutzen das Mondlicht, um Beute zu machen. Diese uralte Freundschaft scheint nunmehr etwas aus den Fugen zu geraten. Warum? Wir brauchen den Mond schlichtweg nicht mehr. Er kann sich getrost schmollend hinter den dicksten Wolken verstecken. Das, was uns die heutige Nachtsichttechnik für Möglichkeiten eröffnet, des Nachts Beute zu machen, macht ihn überflüssig. Zumindest für einen Teil der Jägerei. Es sind die, die für alles, was die moderne Technik ihnen da bietet, schnell zu begeistern sind und es auch umgehend nutzen. Aus Waidgerechtigkeit, sagen sie? Leider nicht immer ohne Hintergedanken. Der Rest arbeitet nach alter Väter Sitte. Vorläufig noch? Sei's drum, ob das nun unbedingt das Wahre ist, in stockfinsterer Nacht mit der modernen Technik dem Wild nachzustellen, sei dahingestellt. Irgendwie, so meine ich, kollabiert das mit der sogenannten Waidgerechtigkeit. Vielleicht ist ja auch die althergebrachte Art und Weise, ohne technische Krücken des Nachts zu jagen, grundsätzlich kritisch zu hinterfragen? Das Wild benötigt nun mal zum Wohlbefinden Ruhephasen, und da gehört unbedingt die Nacht dazu! Ist es uns derzeit unter normalen Umständen, erlaubt Sauen und Raubwild des Nachts zu erlegen, so kann sich das ganz schnell auch auf alles andere Schalenwild ausweiten. Nicht nur die ASP (Afrikanische Schweinepest) und andere Seuchen tragen dazu bei, die ganze Sache mit der Nachtjagerei lockerer zu sehen, nein, auch der derzeitige Wald- vor Wildwahn trägt massiv dazu bei. Wenn da nicht alsbald für alle Seiten akzeptable Lösungen gefunden werden, dann gute Nacht, lieber Mond!

War noch vor einigen Jahrzehnten die Jagd bei hervorragendem Mondlicht ohne Zweifel ein Genuss, wenn sie sensibel ablief, so ist das nunmehr schon lange nicht mehr der Fall. Der Jäger ist auch des Nachts nicht mehr allein im Wald. Wenn er nun also nicht der Einzige ist, der da des Nachts behutsam durch Felder und Wälder streift oder ansitzt, dann kann man sich schnell ausrechnen, wie lange man sein Wild überhaupt noch vor die Bilder bekommt. Die Menschen haben die Nacht zur Freizeitgestaltung entdeckt. Wäre ja nichts gegen einzuwenden, wenn sich denn alle ordentlich benehmen würden. Jogger und Stöckelwild, mit oder ohne Stirnlampen, sind noch zu ertragen. Wenn sie auf den Wegen bleiben. Aber Mountainbiker, Gelände-Kradfahrer, Geo-Catcher, Survival-Möchtegerne, Hundeleute mit und ohne Leinen und was weiß ich, was da noch alles des Nachts die „Naturnähe" sucht, machen den Busch des Nachts zum Rummelplatz für jedermann. Die meisten von ihnen sind laut, weil es ihnen eigentlich unheimlich im nächtlichen Busch ist. Aus diesem Grund sind sie auch selten allein und unterhalten sich in einer gewaltigen Lautstärke, obwohl sie nur ein bis zwei Meter auseinander sind. Im letzten Hochsommer musste ich, auf meiner Kanzel sitzend, das Pfeifen und Gejohle einer überaus stimmgewaltigen Lady miterleben. Saugut! Die Dame hatte mal eine markige Kommandostimme. Alle Achtung! Ihr Hund war nicht beeindruckt davon. Sie war bemüht, ihren in dunkler Nacht stiften gegangenen Monster-Fiffi wieder an den Strick zu bekommen. Hat sie wohl auch nach geraumer Zeit geschafft, denn der tiefe Hetzlaut der Töle ließ irgendwann nach. Aber bis dahin hatte Fiffi Zeit genug, mindestens zwanzig Hektar „rehrein" zu machen. Da sitzt du da auf deinem Brettl und fasst es nicht. Die Bejagung dieser extrem kontaktierten Revierteile ist überaus schwierig und durchaus nicht ungefährlich für alle Akteure.

Und die Freude am jagdlichen Geschehen, das Draußen-Sein mit sich und der Allmacht Natur nimmt großen Schaden. Ich habe in meinem Bekanntenkreis Freunde, die deswegen hingeschmissen haben. Und es sind einige dabei, die nicht die schwächsten Nerven haben oder hatten. Nach annähernd fünfzig Jahren Jagd im gleichen Pirschbezirk mit steigender Tendenz des o. g. Szenarios bin ich mal gespannt, wie sich das noch entwickelt. Allerdings, allzu lange wird mir Diana wohl die Pforte zu meinem kleinen Reich nicht mehr aufhalten. Das Alter stimmt irgendwann das Signal „Jagd vorbei" an.

Nun, ich hoffe, das dauert noch eine Weile!? Der letzte Winter, ich meine den im Februar 2021, kam mit einer unerwarteten Schneemenge, und es wurde richtig kalt. Er ließ Erinnerungen an vergangene Ansitze vor langen Jahren aufkommen. Der lange Winter 1978/79 ließ grüßen. Konnte ich, wie auch viele andere Waidgesellen, aufgrund der Schneehöhe nicht mal eben so in den Busch fahren, so wurden doch umgehend Möglichkeiten für einen Ansitz auf Sauen ausgelotet. Logisch, oder? Ich kann Ihnen, verehrte Jägerinnen und Jäger, mitteilen, dass ich mir zwar genauso wie vor Jahrzehnten die Knochen abgefroren habe, aber nicht eine Sau vor die Büchse bekommen habe. Na ja, sagen nun die Spezies, die erste Nacht bei Neuschnee tut sich ja eh nix. Okay! Aber, es waren der Nächte einige, ohne dass sich was tat! Irgendwie hatte ich das Gefühl, dass das Wild keine Lust hatte, in dem wirklich hohen Schnee aktiv zu werden. Oder war es ihm zu ruhig? Einziger Trost: Es ging mir nicht alleine so. Und das bei dem tollen Schneelicht. Der liebe Mond brauchte gar nicht helfen. Nun ja, Jägersmann, dann ist es eben so.

Wunderschöne Mondnächte habe ich in meinem Busch erlebt – Nächte, bei denen man sich ums Verrecken nicht nach Haus ins

Jetzt wird es spannend!

heimische Bett bewegen wollte, obwohl nach ein paar Stunden der Wecker zur Arbeit rief. Um die Sommersonnenwende habe ich einmal „durch“-gemacht. Das Licht ging in der eh ganz kurzen Nacht aufgrund des fantastischen Mondes eigentlich nicht aus. Der Hammer! In Brandenburg habe ich einmal an einem nicht ganz abgeernteten

Maisschlag gesessen und konnte ohne Glas Sauen, Dam- und Rehwild ohne Weiteres grob ansprechen. Die hellsten aller Nächte allerdings habe ich in den Monaten Mai und Juni bei meinen Freunden in Namibia erleben dürfen. Man kann das nicht beschreiben, wie hell das ist. Der wahnsinnige Sternenhimmel mit deutlich erkennbarer Milchstraße ist etwas Einmaliges. Es erschlägt einen förmlich! Immer wieder ist es ein Vergnügen, das Kreuz des Südens aus diesem Sternenwirrwarr herauszufiltern. Einfach schön, dieser Sternenhimmel mit dem Hauptakteur Mond am Firmament. Nun ja, so hoffe ich, dass für uns Jäger auch weiterhin der Mond eine feste Größe bei der Nachtjagd bleibt, trotz aller technischen Krücken. Ich glaube, dass die Lyriker unter den Jägern oder die, die sich mit der Jägerei und dem Mond befasst haben, uns das nachhaltig übelnehmen würden. Keine Geringeren als Joseph von Eichendorff und auch der Dichterfürst Johann Wolfgang von Goethe würden das ganz sicher nicht so „pralle" finden!? Ein Kollege der beiden, Matthias Claudius, hat dem Mond ein ganzes Gedicht gewidmet, das sicher (fast) ein jeder von uns kennt. Ich zitiere den ersten Vers:

Der Mond ist aufgegangen,
die goldnen Sternlein prangen
am Himmel hell und klar.
Der Wald steht schwarz und schweiget;
Und aus den Wiesen steiget der weiße Nebel wunderbar.

Erhalten Sie sich, verehrte Jägerinnen und Jäger, ein wenig Verbundenheit zur Romantik und unserem alten Freund, dem Mond. Dann werden Sie erleben, dass der jagdliche Alltag noch ganz andere Momente bieten kann. Trotz aller technischen Errungenschaften.

Die Neue!

Nein. Für Waidgesellen, die der Jägersprache mächtig sind, sei vorausgeschickt, dass ich nicht den Schnee meine, der auf eine vorhandene erste Schneedecke fällt. Dieses fantastische Wettergeschehen hat bei mir von jeher immer große Freude und Aktivität ausgelöst. Flinte über den Buckel und schauen, was uns der weiße Leithund im Revier zeigt. Die Flinte deswegen, weil ich schon als junger Jäger von der Idee beseelt war, einen Marder ausneuen zu können, um ihn dann beim Fortholzen sauber aus einer Eichenkrone zu „pflücken". Wenn dieser unwaidmännische Ausdruck hier einmal Verwendung finden darf. Hat nie geklappt. Wohl hatte ich ein paar Mal, auch recht intensiv, den elektrisierenden Paartritt verfolgt, jedoch immer wieder hat es Gelbkehlchen geschafft, mich auszutricksen.

Und ja, dann kommt man aus dem Staunen nicht heraus, wenn man durch den weißen, unberührten Schnee pirscht. Mein Gott, ist das schön! Wo überall, und scheinbar auch nicht in geringer Zahl, Schalen- und Raubwild unseren Pirschbezirk bevölkert, lässt dies das häufige Ansitzen ohne jeglichen Anblick in ganz anderem Licht erscheinen. Da glaubt man manches Mal, der Busch ist leer. Ist aber nicht so. Fakt ist, dass auch das Rehwild seit etlichen Jahren immer später zur Äsung zieht und häufig erst erscheint, wenn ein sicherer Schuss nicht mehr möglich ist. Da kann nicht allein der Luchs der Grund sein, der seit geraumer Zeit auch durch unseren Höhenzug schnürt. Auch Meister Isegrim ist schon da gewesen. Wenn dann noch, so wie in dem von mir betreuten Bereich, eine rege Nutzung durch andere „Naturfreunde" einhergeht, dann wird die Sache mit der Jagd oftmals über lange Zeiträume ein nerviges Geduldsspiel. Nun ja!?

Meine Neue ist ... eine Kanzel. Und, so neu ist sie eigentlich gar nicht. Mein alter Kumpel Emil hat sie vor etlichen Jahren mit unserem gemeinsamen Freund Horst, der einige dieser tollen Bauwerke in Modul-Bauweise erstellt hat, in einem Buchenaltholz aufgestellt. Diese Teile werden nacheinander auf einem verschweißten Rohrgestell, auf dem vorher ein Bodenelement mit Podest montiert ist, aufgestellt und verbunden. Tolle Sache. Sichere, wetterfeste und gemütliche Kanzeln, die auch einen längeren Winteransitz ermöglichen. Und den habe ich mir Mitte Januar bei leichter Schneedecke auch gegönnt. Ich hatte den Teil des Pirschbezirkes von Emil wieder übernommen, da er sich einen neuen Bezirk gesucht hatte. Es war der erste Ansitz auf dieser fantastischen Kanzel. Ich freute mich über das tolle Winterwetter und den Winterwald, der durch Raureifbildung märchenhaft aussah. Bei beginnender Dämmerung, just als die letzten Hundeliebhaber ihre Lieblinge lautstark ins Auto verfrachtet hatten, wurde es still im Wald. Kurze Zeit später erschien in Blickrichtung der vorderen Luke ein Bock, verhoffte kurz und zog weiter zu einer Salzlecke, die auf ca. hundert Meter halblinks von der Kanzel installiert war. Der rundum gesund aussehende Bock hatte

Die „Neue" am neuen Standort.

schon ein ordentliches Bastgehörn geschoben. Als er begann, an der Lecke das Salz aufzunehmen, erschien auf dem gleichen Wechsel ein weiteres Stück. Ich hatte es mehr durch Zufall gesehen, da ich, seitlich am Glas vorbeischauend, eine Bewegung mitbekommen hatte. Es verhoffte am Altholzrand. Ein weibliches Stück. Und von der Figur her musste es ein Schmalreh sein. Bewegungslos sicherte das Stück in Richtung des Bockes. Alles normal. Alles normal? Von wegen! Als das Stück weiterzog, hat es mich ordentlich gerissen. Was war das denn? Unter wahnsinnigen Verrenkungen bewegte es sich in Richtung Salzlecke. Und zwar … auf drei Läufen. Im Glas konnte ich nun erkennen, dass der linke Hinterlauf am Sprunggelenk endete. Altkrank! Unter sicher großer Kraftanstrengung zog das Stück weiter. Oh Mann! Mittlerweile hatte ich das Glas mit der Büchse getauscht, und als die bedauernswerte Kreatur breit stand, blieb sie im Feuer. Nun bin ich ja über vier Jahrzehnte Jäger, aber diese Situation hat mich einerseits geschockt, andererseits war ich glücklich, das Leiden der Ricke beendet zu haben. Dass es eine Ricke war, konnte ich dann am erlegten Stück feststellen. Sie war zwar nicht sehr stark, aber keinesfalls abgekommen. Die abgetrennte Stelle war schon mit einer feinen Haut überzogen, und am restlichen Körper waren keine weiteren Blessuren zu erkennen. Ursache? Vielleicht war es die nahe Straße, vielleicht Raubwild, das ja mittlerweile, wie erwähnt, wieder in größeren Exemplaren unsere Reviere beehrt. Vielleicht auch ein schlechter Schuss? Wer weiß?

Der Bock hatte nach dem Schuss kurz aufgeworfen, war auf die Ricke zugezogen, die keinen Lauf mehr rührte, um dann ruhig ins Altholz zu wechseln. Der erste Ansitz auf meiner damals noch namenlosen Kanzel – und dann gleich so ein wahnsinniges Erlebnis mit einem überaus glücklichen Abschluss. Das lässt natürlich Sympathien wachsen. Weitere Ansitze in der folgenden Sommerzeit verblieben, da die Naturverjüngung immer mehr Sicht ringsum nahm und Anblick somit zweifelhaft war. Es gab nur kleine Stellen, die eine Sicht ermöglichten. In diesen „Löchern" auf durchwechselndes Wild zu hoffen, anzusprechen und erfolgreich zu erlegen, ist witzlos und höchst gefährlich. Also, es musste einen Standortwechsel geben. Bei der erwähnten Bauweise war das auch kein großes Problem. Vorausgesetzt, dass man einen der ursprünglichen Erbauer und eine ordentliche Zahl an Helfern hatte. Allerdings wusste ich lange Zeit nicht, wo ich das gute Stück nutzbringend einsetzen könnte. Da kam mir Forstmeister Sturm, in Gestalt von Sturmtief Frederike, zu Hilfe. Makaber, nicht wahr!? Niemand hat sich über die enormen Schäden gefreut, die dieses Mädel in den Wäldern landauf, landab verursacht hat. Unzählige Harvester und Aberhunderte Forstwirte waren überall damit beschäftigt, das Beste aus dieser Katastrophe zu machen. Auch in meinem Pirschbezirk hatte es ordentlich gekracht. Eine Stelle, die nach dem Räumen etwa die Größe eines halben Sportplatzes hatte, schrie förmlich nach einer Ansitzmöglichkeit. Zumal ich ganz in der Nähe im Altholz schon einmal eine Kanzel fast vierzig Jahre stehen hatte, die in diesen Jahren viel Erleben und viel Wild brachte. Bis zu dem Zeitpunkt, wo auch sie aus Naturverjüngungsgründen nicht mehr aktuell war. Was habe ich dem Standort nachgejammert! Und nun bot sich, keine hundert Meter von der alten Stelle, ein Neubau an. Ein Neubau? Menschenskind, da passt doch wie die Faust aufs Auge meine eingewachsene Kanzel hin. Gesagt, getan. Kumpel Emil, als einer der Konstrukteure, und eine Handvoll Jungjäger sorgten für einen raschen Ab- an alter und Aufbau an neuer Stelle. Was habe ich mich über diese hilfreiche Mannschaft gefreut. Ist heutzutage leider nicht immer selbstverständlich, dass einige gleich „hier“ schreien, wenn man um Hilfe bittet. Hier hat es geklappt, und meine „Neue“ harrte der Dinge, die wir gemeinsam erleben wollten.

Und dann bekam meine Euphorie einen Dämpfer nach dem anderen. Nichts, aber auch rein gar nichts bekam ich bei den ersten Ansitzen in Anblick. Frustrierend! Als es wieder einmal nach zwei Stunden keinen Anblick gab, packte ich meine sieben Sachen und marschierte zu einer anderen Kanzel. Und dort, es dauerte gar nicht lange, hatte ich ein Schmalreh auf der Strecke. Kaum zu glauben, aber auch ein weiterer Ansitz auf der Neuen ohne Anblick ließ mich bei schon einsetzender Dämmerung einen Standortwechsel vornehmen. Ich hatte vorläufig genug von dem ewigen Ansitzen auf der Neuen, ohne ein Haar zu sehen. Da kamen allmählich Zweifel auf, ob das denn der richtige Platz für diese tolle Kanzel war. Und, auch dieser erneute, spontane Standortwechsel brachte mir unverhofftes Waidmannsheil. Ich hatte die Leiter an der Feldkante gerade bestiegen, als rechts von mir auf ca. achtzig Meter ein Bock in die Rüben zog. Oh ha, das war kein schlechter! Vorsichtig wechselte ich das Glas mit der Büchse, und mit gutem Schuss lag der Bock nach kurzer Flucht. So kann es gehen. Ewig und drei Tage war ich auf der Neuen ohne Anblick und deswegen gefrustet wiederum umgezogen. Und auch dieses Mal mit Erfolg. Auf der Heimfahrt sinnierend, ob das jeweils Zufall war, kam ich aufgrund des zweifachen Erfolges zu dem Schluss, ihr nun doch nicht mehr ganz so gram zu sein.

Tja, und das hat sich positiv bei meinem nächsten Ansitz ausgewirkt. Dass ich den Bock, der mich interessiert anäugte, als ich aus der rechtsseitigen Luke schaute, nicht bekam, ist ganz allein meine

Schuld. Das Licht hätte wohl noch gereicht. Leise hatte ich die linke Luke geschlossen und dasselbe mit der Frontluke vor. Bei dieser klemmte das Fixierholz, das ich nicht ganz leise in die Halterung bugsierte. Und dann war die rechte Luke dran. Gewohnheitsgemäß schaute ich noch einmal hinaus und ... war mit dem Bock „Aug in Aug". Auch nicht schlecht. Der kurze Anblick, bis der starke Bock schreckend ob des Lärms, den er aus diesem Bauwerk vernommen hatte, absprang, reichte, um einen erneuten Ansitz auf der Neuen zu planen. Ärger? Nein, wäre ja nicht auszuhalten gewesen, wenn der erste Anblick sogleich zum Erfolg geführt hätte. Auf ein Neues auf der Neuen.

Und? Es hat geklappt. Etliche Tage später war ich recht früh bei der „Rapskontrolle" im Revier. Die lieben Sauen waren dabei, sich einen Rapsschlag als Sommerresidenz einzurichten. Die Schäden hielten sich noch in Grenzen, und mein Plan für die nächsten Tage war, ihnen den Einstand gründlich zu vermiesen. Nicht einfach, wie man weiß. Nun ja, jetzt war es kurz vor 19.00 Uhr, und ich entschloss mich, bis zur Dämmerung die Zeit auf meiner „Neuen" zu verbringen. Vielleicht war der Bock ja wiederum an der frischen Schlag Flora interessiert. Recht leise pirschte ich bis zur Kanzel, baumte auf und öffnete vorsichtig, durch Schaden klug geworden, das rechte Fenster. Nun war die vordere Luke dran. Leise, leise hob ich die Luke an und schaute auf die Fläche. So leise, wie mir das Öffnen gelungen war, so sehr bestand nun die Gefahr, dass die Luke mit Getöse wieder nach unten fiel. Warum? Auf ca. achtzig Meter stand ein Reh und äste. Um diese Zeit!? Absolut ungewöhnlich in meinem durch jede Menge „Naturnutzer" frequentierten Pirschbezirk. Gerissen hat's mich! Der unverhoffte Anblick ließ mich in meinen

Bewegungen komplett erstarren. Und, wie gesagt, fast hätte ich die Luke sausen lassen. Oh, Mann! Im Glas erkannte ich nach meiner Schockstarre meinen Bekannten vom letzten Ansitz auf der „Neuen". Nicht zu fassen. Monatelang nichts an diesem Platz, und nun diese unverhoffte Chance. Der Bock lag mit gutem Hochblattschuss im Feuer. Das alles war ja in Sekunden passiert, und ich kam nunmehr erst dazu, das Jagdfieber zu „genießen".

Am Stück mit gelupfter Mütze verharrend, freute ich mich unbändig über dieses, nun doch, unverhoffte Waidmannsheil. Der mittelalte Bock mit starken Vorder-, aber schwachen Hintersprossen brachte aufgebrochen knapp 21,5 kg auf die Waage. Ein gutes Gewicht für unsere Revierverhältnisse. Der Abtransport durch die Sturmbruchfläche verlief dementsprechend mühselig. Aber, was ist diese Mühsal gegen das Erleben bei der Jagd! Auch, oder gerade, wenn es manches Mal lange dauert.

Ein-Bock-Jahr!

Keine Sorge, verehrte Leserinnen und Leser, es folgt keine langatmige Aneinanderreihung von überaus erfolgreichen Bock-Erlegungen. Aber, wenn man über vierzig Jahre in einem Revier zugange war und in all den Jahren, den Vorgaben der jeweiligen Administration folgend, recht bescheidene Erlegungszahlen in seinem Streckenbuch eintragen konnte, so ist eine Steigerung, wie ich sie letztes Jahr erleben durfte, doch recht faszinierend. In den ersten Jahren meiner jagdlichen Betätigung war die Abschuss-Freigabe eines alten Bockes Standard für die Jäger unserer Privatforst-Verwaltung. Wohlgemerkt, eines Bockes! Nach Möglichkeit musste es ein Bock sein, der seinerzeit mit der schönen Bezeichnung IIb gehandelt wurde. Also, ein Bock der Altersklasse! Und der sollte, musste dann auch alt sein. Die sogenannten Ia und recht ordentlichen Grenzfälle zum IIb verblieben für die teilweise zahlreich erscheinenden hohen Jagdgäste, die unsere Verwaltung auf einen Bock führen musste. Erfolg hierbei war Pflicht. Mindestens fünf Jahre mussten diese nach den seinerzeit geltenden Kriterien bezüglich der Abnutzung der Zähne vorweisen. Und da wurde überaus pingelig drauf geachtet. Ich kann mich noch recht gut an die Trophäenschauen der siebziger Jahre entsinnen, als die „Jagdpäpste“ beutelüstern Schild für Schild von der Wand nahmen und die Erleger der vermeintlichen Fehlabschüsse hinter vorgehaltener Hand zur Sau machten. So ein Schwachsinn! Viele dieser Möchtegern-Oberjäger konnten nicht mal die Erlegung einer Handvoll Böcke zum Zeitpunkt ihrer Kritik aufweisen. Noch schlimmer muss es ja wohl vor dieser Zeit gewesen sein, als noch der gefürchtete „Rote Punkt“ vergeben wurde. Was maßen sich die Menschen doch an!? Nun ja!? Ich hatte meinem damaligen Chef vorgeschlagen, weil mir die ganze Rumeierei mit Ia, IIb usw. mächtig auf den Geist ging, doch ganz simpel jung, mittelalt und alt als Kriterien zu favorisieren. War ziemlich gewagt, als Grünschnabel solche Äußerungen kundzutun. Kam natürlich seinerzeit noch nicht an. Zumal der Förster nach Möglichkeit das genaue Geburtsdatum der gemeldeten potentiellen Gästeböcke haben wollte. Schmarrn! Heutzutage gibt es im Grunde genommen ja nur noch Jung und Alt. Zumindest beim Rehbock. Die Zahl der Jährlinge, die wir schießen durften, war seitens der Verwaltung eigentlich nie begrenzt. Was begrenzt war, war das, was der Jährling auf dem Kopf haben durfte. Am besten musste es ein Knopfbock sein. Und das im wahrsten Wortsinn. Er durfte eben nur „Knöpfe" haben. Ein Jüngling, der zwar schwache, aber über fünf Zentimeter hohe Spießlein hatte, war schon hart an der Grenze des Erlaubten. Und alles, was darüber hinaus kam, ging gar nicht. Da pendelte sich die Gesamtstre-

Viel Waidmannsheil bringt manchmal kurzfristig Platznöte mit sich.

cke an Jährlingen im Laufe eines Jagdjahres automatisch auf wenige Stücke ein. Ob das richtig war? Mittlerweile werden auf den winterlichen Drückjagden alle Böcke freigegeben ohne Rücksicht auf das, was eventuell in den jeweiligen Individuen steckt oder noch stecken könnte. Ob das richtig ist? Wald vor Wild! Ohne Wenn und Aber!? Ganz sicher ist der heutige Zustand unserer Wälder, wie manche das meinen, wohl nicht allein dem Schalenwild anzulasten, wie uns Klimawandel, Borkenkäfer, extreme Stürme und Co. mittlerweile vor Augen führen. Aber noch immer heischt ein großer Teil der Forstpartie um höhere Abschusszahlen. Aus diesem Grund hat die neue Administration, die nunmehr die Flächen unserer ehemaligen Verwaltung betreut, seit einiger Zeit Böcke der Alters- und Jugendklasse unbegrenzt freigegeben. Natürlich unter Beachtung des Limits nach oben, sprich innerhalb des Drei-Jahres-Abschussplanes. Noch gibt es ihn, den Abschussplan. Einzig begrenzender Faktor bezüglich der Anzahl an alten Böcken, die ein jeder Jäger strecken darf, ist der zuständige Revierbeamte in seinem Dienstbezirk. Er ist es, der sagt, wo es zahlenmäßig im Rahmen des derzeit noch existierenden Abschussplanes für die Begehungsscheininhaber langgeht. Schauen wir mal, wer den Gordischen Knoten Wald mit Wild lösen kann.

Es gibt Jagdjahre, da klappt nichts. Man sitzt sich den Hintern platt, pirscht frühmorgens durch die Altholzbestände, um dem einziehenden Wild, das wir vorher beim Ansitz an der Feldkante auf elende Schuss Entfernung haben einwechseln sehen, den Weg abzuschneiden. Aber, nichts ist zu sehen. Wo stecken sie bloß, wo sind sie geblieben? Man sitzt bis tief in die Nacht hinein und ... nichts! Daran können ja nicht nur die wieder vorhandenen Luchse und Wölfe schuld sein!? Oder die mächtig angewachsene Zahl der Hundeliebhaber, die, genau wie anderes freizeitschaffendes Volk, Tag und Nacht den Busch frequentieren. Oh, Mann!!! Wenn man das in Serie mitgemacht hat, bricht irgendwann der Frust durch. Pause, Ansitzpause. Allein, das Ende der ja mittlerweile großzügig bemessenen Jagdzeit auf Böcke endet schlussendlich auch einmal. Und, wer bis Ende Januar noch keinen Rehbock zur Strecke hat, kann vom kommenden Mai träumen. Mancherorts in unserer Heimat ja schon vom April. Nebenbei gesagt, habe ich es mir bis zum heutigen Tag verkniffen, einen hoch aufhabenden Bastbock im Winter zu erlegen. Da ist noch eine gewaltige Hemmschwelle vorhanden. Zu sehr ist das ehemals Erlernte und Gelebte noch vorhanden. Was ich im Winter mitnehme, sind die Stücke, die ich im Sommer schon auf dem Zettel hatte und aus mancherlei Gründen nicht bekommen habe. Hier mag diese fragwürdige Regelung eine gewisse Berechtigung haben. Allerdings hat das vorher auch geklappt. Meistens. Schließlich hat man ja noch die Natur als Freund und Helfer bezüglich schwacher und kranker Stücke. Und diese wiederum hat mit ihren vielen Möglichkeiten noch nie versagt.

Und, es gibt Jagdjahre, da rennt dich das Wild um. An Stellen, an denen du vom Vorjahr noch schlechte Erinnerungen hast, reicht Diana dir den Kelch. An einer dieser Stellen war es ganz offensichtlich so, dass das gute Mädel eine kleine Theke aufgebaut hatte!? Drei schwache Jährlinge und ein Bock der Altersklasse konnte ich in den Rucksack stecken. Der schwächste Jährling, nach langer Zeit wieder einmal ein echter „Knopfer“, machte es spannend. Akkurat zwei Stunden war ich mit der Büchse im Anschlag, bis er endlich in dem hohen Gras Gelegenheit zu einem sauberen Schuss bot. Spannende Jagd pur! Der Hammer, der absolute Hammer! Der alte Bock zog recht früh am Juliabend, aus dem Altholz kommend, über die geräumte

Windbruchfläche und bekam nach kurzem Ansprechen die Kugel auf hundert Schritt Blatt. Die Jährlinge waren echte Erstbegegnungen und erfreuten dadurch, dass sie ebenso wie der alte Bock im Feuer lagen. Der gesamte Zeitraum der Erlegungen betrug rund vier Wochen. Da ist man doch richtig happy! Da staunte sogar das liebe Weib, wenn der Jäger schon nach kurzer Ansitzzeit wieder einmal ins Handy sprach: „Bock tot!“ Spätestens nach dem dritten Bock kam jeweils die Antwort: „Das gibt es doch nicht!? Waidmannsheil!“ Ja, da kommt Freude auf und lässt so manchen Ansitz ohne Anblick weit hinter sich. Dieses Jahr hatte es in sich. Ein weiterer alter Bock, den ich mehrere Male in der Gerste gesehen hatte, war eines Abends so dreist, sich endlich einmal aus dem Schlag in Richtung Feldkante zu bewegen. Mein Gott, was sind unsere Rehe doch klein! Nur das Haupt ragte aus den wirklich nicht hohen Gerstenhalmen. Nun ja, dort bekam er dann, kaum, dass er den Schutz des Getreides verlassen hatte, die tödliche Kugel. Ein prächtiger, ungerader, gut geperlter Sechser mit gewaltigen Rosen.

Das Ende der Serie bei den alten Herren lieferte mir die Blattzeit. Ich hatte mir, ebenfalls an einer geräumten Sturmfläche, eine kleine Leiter gebaut. Der Pirschbezirk war derzeit verwaist, und der Förster hatte mich gebeten, doch ab und zu mal nach den Rehen zu schauen. Ich habe an diesem Abend keine zehn Minuten gesessen, als ich mir den Weichselholz-Blatter hervorkramte und eine kleine Serie Fieptöne gegen den Hang schickte. Ich hatte das Instrument noch nicht wieder in der Tasche, als linkerseits mit wahnsinnigem Tempo ein Bock bis vor die Leiter stürmte. Ja, Donnerwetter noch einmal, wie eine Furie stürmte er heran. Im ersten Moment hat’s mich richtig gerissen. Alt! Büchse an den Kopf, Schuss, und schon stürmte der potentielle

Hochzeiter weiter. Aber nur noch knapp zwanzig Schritt. Er ging zu Boden und war alsbald verendet. So etwas habe ich noch nicht erlebt! Und ich habe schon einige Blattzeitgeschehen zu verzeichnen. Die Jagd ist alle Tage neu!

Der vierte Jährling kam ganz unspektakulär am frühen Abend in die Rüben, und auch er lag im Feuer. Der fünfte Jährling, der auch den glücklichen Reigen der Erlegungen vorläufig beendete, narrte mich eine Zeit lang, indem er in einer Weihnachtsbaumkultur mit mir Verstecken spielte. Als ich an diesem Abend wiederum die Hoffnung aufgegeben hatte, den schwachen Spießer noch in den Rucksack stecken zu können, zog er plötzlich fast unter meiner Leiter durch und war nach kurzer Zeit ungefähr dreißig Schritt entfernt. Leise und langsam hatte ich die Büchse in Anschlag gebracht, und just, als er aufwarf und in meine Richtung äugte, weil er sicher irgendetwas mitbekommen hatte, schmiss ihn die Kugel ins Gras. Kurzes Schlegeln, aus. Jetzt musste ich erst einmal Luft durch die Zähne blasen. Was für ein Bocksommer!? Wenn mir das vor vierzig Jahren jemand erzählt hätte, acht Böcke in der Sommerzeit zu strecken, hätte ich ihm wohl mit dem Zeigefinger an der Stirn einen guten Tag gewünscht. Da es aber nun so ist, kann man nur artig seine alte Baschlikmütze lüften und der lieben Diana einen dankbaren Blick zum Firmament schicken.

Trapper!

Das war als Jüngling mein Traumjob. Angerüdet durch die Bücher „Lederstrumpf" und „ Der letzte Mohikaner" von James Fenimore Cooper, kam nichts anderes in Frage. Am meisten hatte es mir der Waldläufer Natty Bumppo, genannt „Lederstrumpf", angetan. Menschenskind, das war das wahre Leben, so ganz tief im Busch, immer auch mit einem Auge auf die lieben Indianer zu schielen, die ja wohl nur Böses wollten? Wollten sie gar nicht! Jedenfalls baute ich mir aus Latten und Abfallrohr eine dementsprechend lange Vorderladerbüchse, funktionierte meine alte Schulbrottasche mit angeklebten Textilfransen in eine Patronentasche um und schnitt mir aus einem alten Hut eine Kopfbedeckung, die der des lieben Natty recht ähnlich sah. Saugut! Allerdings fehlte der Mütze die charakteristische Waschbärrute – oder was immer auch Natty da an seiner Kopfbedeckung trug. Nun ja, nobody is perfect! Jedenfalls bin ich in diesem Outfit lange Zeit durch Felder, Wiesen und Wälder gezogen. Ich kann mich nicht entsinnen, dass mich diesbezüglich jemand schief angeschaut hat. War ja eh die „Wild-West-Romantik-Phase", mit der uns die Amis in den fünfziger Jahren unter Zuhilfenahme von unzähligen Filmen berieselten. Irgendwann habe ich das dann eingestellt und bin wieder als normaler Waldläufer durch mein „Heimatrevier" gestreift. Es hat alles seine Zeit.

Weil ich schon als Knirps die Wirkung, oder auch nicht, von den teilweise uralten Schlageisen, die zu der Zeit auf den Höfen des Dorfes zum Einsatz kamen, erlebt hatte, gab es eigentlich recht früh eine Abneigung gegen jegliche Art von Fallen bei mir. Dass zu der Zeit noch Tellereisen zum Einsatz kamen, lag in der Natur der Dinge. Kein Bauer hätte sich zu der Zeit eine neue Falle zugelegt, solange das alte Eisen noch funktionierte. Oder zumindest den Eindruck der Funktion erweckte. Ich kann mich an grauenvolle Bilder erinnern, wenn ein Weißkehlchen mit einer Brante im Eisen hing und von der Hofmannschaft zu Tode geschlagen wurde. Manchmal hat es auch dummerweise die Uraltkatze der Altbäuerin erwischt. Oh Backe, dann war Krieg auf dem Hof. Für mich Anlass genug, mich niemals ernsthaft für Fallen zu interessieren.

Und doch, kaum den Jagdschein in der Tasche, angerüdet durch einen jungen Jagdfreund, befasste ich mich mit der Fallenjagd. Seine Erfolge bei Marder und Fuchs beflügelten mich ungemein. Hinzu kam, dass einer unserer alten Forstwarte mit seinen Fallen sagenhafte Fangergebnisse erzielte. Was der Bengel uns lange Jahre vorenthielt, war das Geheimnis seiner Erfolge. Er setzte nämlich aus den Teilen der im Busch gefangenen stromernden Katzen einen gewissen Sud an. Ich lasse es hier mal mit der weiteren Beschreibung dieses Geheimrezeptes. Das könnte bei manch einem, verehrte Leserschar, Würgeanfälle auslösen. Jedenfalls war er unheimlich erfolgreich damit und somit wahnsinniger Ansporn für uns Jungjäger. Ich kann hier verkünden, dass meine Schwanenhälse trotz allergrößter Mühe und Einsatz nie etwas gefangen haben. Trotz sorgfältig gebauter Fangbunker und vorhergegangenen Anköderns. War ich zu blöd dazu oder aber zu ungeduldig? Fangjagd braucht Sorgfalt und Geduld. Mein Jagdfreund hingegen hatte ab und zu einen Marder gefangen, den er mir dann freudestrahlend unter die Nase hielt. Also, weitermachen. Als Nächstes kamen die just auf dem Markt erschienenen Conibear-Fallen dran, frisch aus den USA. Wenn das nichts wird!? Direkt aus dem Heimatland von Lederstrumpf, nicht wahr! Ich habe mir die größte Mühe gegeben – nichts, aber auch rein gar nichts hing vorläufig in meinen Eisen. Dann habe ich mir auf Empfehlung eines Artikels in einer Jagdzeitung einen raffinierten Zwangswechsel an einem Kulturzaun gebaut. Ich baute solide Anker für die Eisen ein und verblendete das ganze Bauwerk sorgfältig. Nachdem ich mir beim Spannen der recht kräftigen Eisen fast einmal die Pfote eingeklemmt hatte, fertigte mir mein älterer Bruder eine Spannzange an. Das Spannen klappte dann hervorragend. Testmäßige Auslöser der Eisen ließen mich jedes Mal ob der wahnsinnigen Kraft, mit der die Bügel zusammenschlugen, erschauern. Meine Herren, saß da Pfeffer hinter! Und diesen Pfeffer bekam dann auch tatsächlich nach einiger Zeit mein erster und einziger Fang zu spüren. Ein Jungfuchs hatte sich an den Köder gewagt und hing vorschriftsmäßig in den Bügeln. Na bitte! Es folgte eine längere erfolglose Phase, die mich schlussendlich dazu lancierte, die Dinger zu verkaufen. Irgendwie hatte ich auch, zugegebenermaßen, gewaltige Muffe vor den Eisen. Heute sind die Dinger wohl in einigen Ländern verboten.

Mein alter Kumpel Emil kam irgendwann, allerdings einige Zeit später, auf die Idee, es doch einmal mit Kastenfallen zu versuchen. Da er handwerklich sehr begabt ist, hat er erst mal ein Muster-Exemplar aus Siebdruckplatten mit hervorragender Funktion hergestellt. Da Emil sehr sorgfältig beim Bau der Falle arbeitete, funktionierte die Mechanik hervorragend. Anfänglich hatte er jede Menge Anfragen von Häusle-Besitzern, die ihre Quäl- und Poltergeister vom Dachboden loswerden wollten. Eine Zeitlang hatte er ordentlich zu tun. Irgendwann schlug er vor, die Falle doch im Busch einzusetzen. Gesagt, getan. Wir bauten die Falle in einer zwanzigjährigen Fichtenkulisse nahe einem Fuchspass ein. Ich habe die Falle dann täglich, morgens und zum Feierabend, kontrolliert. Es war ein Trauerspiel. Der Förster zeigte bei der morgendlichen Arbeitsbesprechung schon Mitleid mit unserer

Misere, nachdem er wieder einmal nachgefragt hatte, wie es denn mit der Fallenjagerei voranginge. Eines schönen Abends jedoch schlug das Trapperherz höher, jawohl, was heißt höher, es wäre mir fast in die Hose gerutscht, so habe ich mich gefreut. Durch die Klappe oben auf der Falle konnte ich einen roten Balg entdecken. Jau, es hat Reineke erwischt, jubilierte es in mir. Das war der Hammer! Vorbei die Pein der erfolglosen Fangzeit. Vorsichtig hob ich die Klappe weiter an, um mir den Fuchs genau anzuschauen. Fuchs? Im Halbdunkel der Fichten war ich mir schlagartig nicht mehr so sicher, ob das tatsächlich ein Fuchs war, was da in der Kiste hockte. Ich sprintete zum Auto – das konnte ich damals noch –, um eine Taschenlampe zu holen. Tja, was soll ich sagen? Im Schein meiner Funzel musste ich erkennen, das sich, warum auch immer, Meister Lampe in der Falle befand. Ich wollte das nicht glauben. Was um alles in der Welt hatte den Hasen bewogen, in die Falle einzuschliefen? Hasen fressen doch keine Eier, oder? Vielleicht der Osterhase? Ich habe niemals, vorher und hinterher, davon gehört, dass jemand einen Hasen in der Kastenfalle gehabt hat. Also, große Pleite, wieder nichts mit Reinekes tollem Balg. Als ich Lampe die Klappe zur Freiheit öffnete, verließ er die Falle vorläufig nicht. Vielleicht war ihm die gesamte Situation peinlich? Ich musste ihn regelrecht anschieben, bis er in der Nadelspreu und somit in der Freiheit angelangt war. Er hat sich dann noch einmal nach der Falle umgeschaut, kam auf die Läufe und verließ gemäß der außergewöhnlichen Situation in bedächtiger Geschwindigkeit den Ort des Geschehens. Komischer Hase. Danach haben wir den Fangplatz aufgegeben. Zumal Emil wieder Häusle-Kundschaft hatte.

Und hierbei kam es dann eines Tages wieder zum erfolgreichen Marderfang. Emil informierte mich und bat darum, ihn beim Abfangen des Weißkehlchens zu unterstützen. Da wir keine Entnahmebox hatten, schlug Emil vor, dass ich doch die Flinte mitbringen sollte. Er würde im Busch die Klappe öffnen, und ich sollte Weißkehlchen dann mit der Flinte erlegen. Der Balg wäre mittlerweile recht gut, und auf den wollte er nicht verzichten. Das war kein schlechter Vorschlag und sollte wohl klappen. Wir bugsierten die recht voluminöse Falle in seinen großen Geländejöpel und machten uns auf den Weg. Irgendwann bemerkte ich, dass Emil entgeistert in den Rückspiegel schaute. Was nun? „Der Marder ist schon halb aus der Klappe!“ Oh, Backe. Er ging in die Eisen und rannte zu seiner Heckklappe. Keine Sekunde zu früh. Der Marder war just dabei, sein Behältnis zu verlassen. Durch Emils energischen Schlag auf die lose Klappe rutschte Weißkehlchen wieder in sein Verließ. Glück gehabt! Emil fixierte die lose Klappe sorgfältig, und weiter ging die Reise. Wir beide haben uns während der restlichen Fahrzeit kaputt gelacht, wenn wir uns ausmalten, was denn der Marder innerhalb der Karre für einen Terz gemacht hätte, wenn er den Ausbruch geschafft hätte. Und, wie wäre es uns dabei ergangen? Jedoch, so hat sich der Marder wohl gedacht, lacht mal, noch ist nicht aller Tage Abend.

An einem recht großen Polterplatz angekommen, luden wir die Falle aus. Ich langte meine Flinte, lud beide Läufe mit Nr. 7 und signalisierte Emil Einsatzbereitschaft. In dieser befand ich mich zweifelsohne, aber, als dann Weißkehlchen in ungeahnter Geschwindigkeit sein Gefängnis verließ, brauchte ich einige Sekunden, um zu reagieren. Einige Sekunden zu lange! Doppelrohrig funkte ich an dem nur noch als schwarzen Strich wahrnehmbaren Marder vorbei. Und ruckzuck war er in der Dickung verschwunden. Toll! Gut, dass in diesem Moment keiner unsere Gesichter gesehen hat. Als wir das schlussendlich registriert und akzeptiert hatten, gaben wir uns einigen Zwangslacheinheiten hin. Weißt schon. Saublöd kam ich mir vor. Schwamm drüber. Wir packten Falle und Flinte in die Karre, und ab ging's nach Haus. Was ich an dem Abend für Beruhigungstropfen zu mir genommen habe, weiß ich nicht mehr. Es muss was Stärkeres gewesen sein.

So etwas erzählt man ja nicht gleich jedem, schon gar nicht den lieben Freunden vom Jägerstammtisch. Und doch, bei einem derselben sehr (Alkohol-)intensiven wurde die Sache bekannt. Ich weiß heute nicht mehr, wer davon angefangen hat. Ich vermute mal, dass ich da nicht ganz unschuldig war. Egal. Der liebe Freundeskreis kam aus dem Grölen gar nicht mehr heraus und hielt sich die Bäuche. Das konnte ich nur mit einer Runde Kurz und Lang abschwächen. So richtig geholfen hat es nicht. Für mich war das das Ende meiner Trapperlaufbahn. Obwohl, ich habe in den Folgejahren immer ein wenig der doch aufregenden Zeit nachgetrauert, wenn es darum ging, die Fallen zu kontrollieren. Vielleicht hätte ich mich intensiver um diese Jagdart bemühen müssen. Heutzutage muss man eine Lizenz erwerben, um die Fallenjagd ausüben zu dürfen. Gut so! Einige der Neozoen, die unsere Reviere mittlerweile besiedeln, können nur mit der Falle wirkungsvoll bejagt werden. Und dazu wünsche ich den Trapperinnen und Trappern unter uns Ausdauer und Waidmannsheil!

Da hätte sich Lederstrumpf gefreut, wenn die Beute zu ihm gekommen wäre.

Winterfüchse!

Schnee, Schnee und nochmals Schnee. Eigentlich hatte wohl niemand in der Jägerei noch damit gerechnet, dass so eine Packe Schnee von heut auf morgen fallen würde. Aber nun war es so. Und wie viele andere Waidgesellen in Huberti frohlockte auch ich über die Aussicht auf spannendes Waidwerk auf Meister Reineke. Jetzt, Mitte Januar, war der Balg noch recht gut. Hat man bei geschlossener Schnee- und auch Wolkendecke hervorragendes Licht, ist es spannende und faszinierende Jagd, dem Schlauberger aufzulauern. Schon tagsüber hatte ich die infrage kommenden Ansitzeinrichtungen präpariert und auch für meinen Kumpel Emil, der um Teilnahme gebeten hatte, eine Leiter an einer Feldkante, so gut es ging, von Schnee und Eis befreit. Bei dem Gedanken, dass der Knabe sich bei dem nunmehr herrschenden Ostwind auf diese Leiter hocken wollte, lief mir ein leichter Schauer über den Rücken. Aber, er hatte sich ausdrücklich diesen Platz ausgesucht. Auf dem Rückweg zum Auto kam ich im hoch angewehten Schnee an der Wald-Feld-Kante ordentlich in Dampf. Der liebe Freund würde sich einen gemächlichen Anmarsch gönnen müssen, um nicht, an der Leiter angelangt, in nassen Klamotten dieselbe erklimmen zu müssen. Nun ja, des Menschen Wille ist sein Himmelreich. Zu einer solchen Aktion bedarf es ja unbestritten einiger wärmender Textilien. Die Klamottenexperten nennen als das Optimalste das sogenannte Zwiebelprinzip. Da werden mehrere dünne Teile zu einem Gesamtkonsortium kreiert. So ungefähr danach verfahrend, handhabe ich das seit Jahren. Keine schlechte Sache.

Gegen 20.00 Uhr waren wir voller Vorfreude auf den kommenden Ansitz am Feldweg angekommen. Emil entstieg dem Auto, schnappte

Ausrüstung und Waffe und entschwand mit einem Waidmannsheil in Richtung Leiter. Wiederum schauderte es mich bei dem Gedanken, nun zwei bis drei Stunden bei dem immer noch ekelhaften Ostwind diese luftige Leiter zu erklimmen. Aber, er hatte es so gewollt. Mein Bedenken bezüglich des Windes beantwortete er mit dem Hinweis, bereits zu Haus seine Taschenöfen aktiviert zu haben und es in seinem Outfit mollig warm sei. Nun ja, aber das Gesicht war ja doch relativ schutzlos. Den Wind bekam er nämlich gnadenlos von halblinks voll zu spüren. Mal sehen, wie lange der Knabe das aushalten würde.

Nachdem ich ebenfalls an einer wohl fünfhundert Meter entfernten Feldkante meine kleine Kanzel erklommen und mich in meine Klamotten geschüttelt hatte, konnte der nächtliche Zauber beginnen. Der ständige und scheinbar unbarmherzige Ostwind trieb Schneefahnen auf dem Acker hin und her, dass es eine wahre Pracht war, diesem Spiel zuzuschauen. Herrlich. Was war das? Bei Emil hatte es geknallt. Trotz des Windes hatte ich einen Schuss aus seiner Richtung vernommen. Donnerwetter, da hatte der Knabe ja früh Anlauf. Da, ein weiterer Schuss. Und jetzt schallte Nummer drei zu mir herüber. Sollte der Freund eine Hochzeitsgesellschaft der Sippe Reineke beschossen haben? Schuss! Mein Gott, in so kurzer Zeit vier Füchse? Emil schießt eine gute Kugel und selten einmal krank. Nun denn, dann hatte ihm Diana wohl den Ostwindbonus zugestanden. Da war ich ja mal gespannt, was da schlussendlich auf der Strecke liegen würde. Durch diese Aktion abgelenkt, schaute ich nunmehr wiederum konzentrierter ins Feld. Zu meiner Freude konnte ich feststellen, dass unweit drei Rehe versuchten, unter dem Schnee an die Wintersaat zu gelangen; auch Meister Lampe hoppelte gemächlich am Rande des Schlagschattens entlang, um wohl ebenfalls an die Saat zu gelangen.

Und der liebe Ostwind pfiff durch die Kanzelluken, dass ich mich unwillkürlich schütteln musste. Der arme Emil auf seiner Leiter! Wie mochte es ihm wohl ergehen? Ein Blick auf die Uhr sagte mir, dass wir erst eine gute Stunde hinter uns hatten. Deren drei hatten wir uns vorgenommen.

Die Zeit tropfte dahin, und nur die wirklich fantastische Winterkulisse ringsum entschädigte für die allmählich durch alle Textilien schleichende Kälte. Auch die Füße signalisierten erste Bedenken. Emil hatte sich übrigens seinen Ansitzsack mitgenommen, den ich allerdings aufgrund des relativ geschützten Kanzelplatzes zu Haus gelassen hatte. Das war dumm! Vielleicht fror der liebe Kumpel ja gar nicht so arg, wie von mir befürchtet? Aber nun schoss Blut durch die Adern, um umgehend den Körper schlagartig aufzuheizen. Warum? Weil halbrechts von mir Reineke ins Feld schnürte. Im Glas konnte ich einen recht kräftigen Fuchs ausmachen. Noch war er weit über hundert Meter von der Kanzel entfernt. Sachte, sachte schob ich die Büchse durch das Kanzelfenster. Ja, nun hatte ich ihn im Zielfernrohr. Komm so weiter, mein Freund, dann passt es schon bald. Kam er aber nicht. Zu meiner nicht geringen Enttäuschung schlug er plötzlich um, und nach kurzem Verhoffen zog er flott ins Feld. Oh Mann, die Entfernung wurde immer größer, und einen Fuchs von hinten zu beschießen, ist ja wohl nicht drin. Enttäuscht setzte ich die Büchse ab. Und … musste feststellen, dass es immer noch den ekelhaften Wind gab. Nun erst mal die Hände in die Manteltaschen an die wärmenden Taschenöfen. Das tat gut. Bei meinem Kumpel bliebt es weiterhin ruhig nach der anfänglichen Kanonade. Meine Hände waren just wieder auf Betriebstemperatur, als sich ein anfänglich kleiner, dann immer größer werdender Punkt auf dem Feld in meine Richtung begab. Glas hoch. Reineke! Da war er wieder. Schlagartig setzte nun mit der wiederkehrenden Erwärmung des Körpers ein leichtes Zittern ein. Ich weiß nicht, Jagdfieber allein war es nicht. Ich muss allerdings zugeben, dass mich das gerade beim Fuchs auch nach vielen Jahren immer noch beutelt. Nun hatte ich Reineke wieder im Zielfernrohr, und als er auf gute fünfzig Meter einen Haken nach rechts schlug, stoppte ihn ein kurzer Pfiff, und schon lag er im Schnee. Saugut!! Reineke liegt! Was jetzt folgte, neben der Freude über die erfolgreiche Erlegung, war ein Wettkampf meiner Zähne mit dem restlichen Körper. Ich weiß nicht, was mehr geklappert oder geschlottert hat, meine Zähne oder der Body.

Nach relativ kurzer Zeit packte ich meine Siebensachen zusammen und ging ins Feld, um den Fuchs aufzunehmen. Ja, das war ja mal ein prächtiger Bursche. Ein, den Zähnen nach, noch jüngerer Rüde mit einem wunderschönen Balg. Nun aber schnell zum Freund und schauen, was er beschickt hat. Der Gang zum Auto wurde wiederum durch die Privatfehde Zähne/Body begleitet. Auch nicht schlecht. Ich verstaute Fuchs und Waffe im Kofferraum und schaffte vorsorglich Platz für Emils Strecke.

Am Treffpunkt angelangt, war mein lieber Emil noch nicht da. Nanu? Es war nunmehr schon um einiges über den vereinbarten Zeitpunkt hinaus. Ich schloss das Auto ab und ging gemächlich durch die hohen Schneewehen, die den gesamten Weg bis zur Waldkante dichtgemacht hatten, in Richtung Leiter. Das erzeugte eine angenehme Wärme. Von einiger Entfernung aus konnte ich sehen, dass Emil sich im Feld befand und in gebückter Haltung wohl etwas suchte. Bei ihm angekommen, antwortete er auf meine Frage: „Wie viel?“ „Einer, und den finde ich nicht!“ Oh je! „Ich habe vier Mal auf ihn geschossen. Warum die ersten drei nicht getroffen haben, weiß ich nicht. Vielleicht habe ich bei dem ekelhaften seitlichen Wind verrissen?" Aha, der Wind! Er machte ein betrübtes Gesicht. „Hier muss der Anschuss sein, er hat im Schuss kurz gelegen und ist dann auf und davon. Eindeutig krank. Aber der Wind hat alle Spuren zugeweht, man kann nichts mehr sehen." „An welcher Stelle ist er denn in den Wald geflüchtet, zeig mir das mal", bat ich ihn nun. Langsam gingen wir auf die Waldkante zu. Am Rand war der Schnee besonders hoch geweht, und ich nahm trotz des guten Schneelichtes meine kleine Taschenlampe zu Hilfe. Ja, hier war nirgendwo mehr eine Fuchsspur oder gar Schweiß zu entdecken. Zwischen zwei Brombeerbüschen, die hier der Kälte trotzten, meinte ich, altes Falllaub zu sehen. Falllaub, hier und nicht weggeweht? Ich ging näher, und … was war das? Falllaub? Nein, die Gehöre von Reineke! Die Spitzen schauten gerade noch aus dem Schnee. Mein kurzes wegwischen des Schnees zwischen den Gehören bestätigte meine Entdeckung. Toll! Da Emil diese Aktion nicht registriert hatte, weil er abseits von mir suchte, bat ich ihn nun, endlich den Fuchs aufzunehmen und mit mir den Marsch zum Auto anzutreten. „Willst du mich verklappsen? Welchen Fuchs?" Als ich zum Graben zeigte und ihn bat, dort doch einmal ein wenig im Schnee zu buddeln, sah er mich total entgeistert an. Das änderte sich aber schlagartig, als er Sekunden später einen prächtigen Fuchs aus der Schneewehe ziehen konnte. Mein Gott, was hat der Bengel sich gefreut! Seine anfänglich erfolglose Ballerei lag tatsächlich am Steuermann, wie der tags darauf notwendige Probeschuss ergab.

Ermeline als Präparat, Lohn der Ausdauer und tolle Erinnerung.

Saukalt!

Ja wirklich, dieser Winter hat es in sich gehabt. Ich meine den extrem langen und auch saukalten Winter 1978/79. Wenn auch die Waldarbeit aufgrund der hohen Schneelage und Minusgrade eingestellt wurde, so musste der Jagdbetrieb weitergehen. Überwiegend bestand dieser darin, das Wild mit Futter zu versorgen. Rehwild musste gefüllte Raufen vorfinden und die Fasanen ebensolche Schüttungen. Sauen waren zu der Zeit noch recht selten in unserem Höhenzug. Über die Art und Weise, wie die Fütterung ablief, habe ich bereits im Kapitel „Gibt es nicht mehr, ..." ausführlich berichtet.

Ende November 1978 gab es den ersten Wintereinbruch mit ordentlichem Schneefall. Kurz zuvor hatte es Eisregen gegeben, und die Bäume, speziell die Nadelhölzer, ächzten unter der nachfolgenden Schneelast. Nicht wenige gingen zu Bruch. So auch meine sorgfältig ausgesuchten Weihnachtsbäume für die Kirchen. Da diese Anfang Dezember geliefert werden mussten, wurde es ein Drama mit dem sauberen Zu-Boden-Bringen der Fichten. Nachdem ich die zweite umgeschnitten hatte, stellte ich umgehend diese deprimierende Arbeit ein. Beim Aufprall auf dem Boden zersprangen die Äste mit der Eis-/Schneelast wie Glas. Diese demolierten Rieselbesen wären wir wohl kaum bei einem Pastor losgeworden!? Der Förster wäre bald ausgerastet, als ich ihm das Drama mit einem dritten Baum demonstrierte. Was blieb uns über, als jeden einzelnen Baum im oberen Drittel mit Hilfe einer Bockleiter anzubinden und langsam zu Boden gleiten zu lassen. Die Forstpraktikanten waren die Kletterer und Leinenführer, und ich der äußerst sensibel mit der Motorsäge hantierende Schnitter. Der Förster nahm jeden Baum kurz vor der Bodenberührung am Zopf

Zwar schön, aber kalt!

in Empfang und lancierte ihn behutsam zur Erde. Tolle Sache! Eine überaus arbeits- und zeitintensive Christbaumwerbung. Es haben alle Kirchen ihren Christbaum bekommen.

In diese Zeit fiel noch ein Jagdtermin. Wir veranstalteten für die geladenen Gäste unserer Verwaltung gemeinsam mit einem benachbarten Eigenjagdbezirk eine Treibjagd. Unser Revier befand sich rund um ein riesiges Brunnenfeld, das für die Brauchwasserspeicherung und -versorgung für unseren Mutterkonzern, die Stahlwerke Salzgitter, zuständig war. Außer den Wasserbecken, die übrigens im Herbst immer eine tolle Entenjagd garantierten, gab es noch etliche Hektar Ackerland, die von unserer landwirtschaftlichen Abteilung bewirtschaftet wurden. Die gesamte Fläche, also konzerneigene plus die Eigenjagdfläche, wird sicher nicht unter 400 Hektar betragen haben. Da wir es gewohnt waren, auf unserer Fläche in diesem Revier stets gute Strecken zu erzielen, so waren die Bedenken groß, ob das bei den hohen Schneelagen und auch saukalten Temperaturen wiederum klappen würde. Hat es nicht! Auch der Eigenjagdbereich konnte da nicht wirklich helfen. Ich kann mich noch an die Outfits der Jagdgesellschaft an diesem Tag erinnern. Da gab es die tollsten Kombinationen zu sehen. Vom Kosakenoberst bis zum Eskimojäger war alles dabei. Tolle Sache! Da meine Lachnerven ziemlich locker sitzen, musste ich mich bei der Begrüßung gewaltig zusammenreißen, um nicht einen Schreianfall zu bekommen. Die meisten Herren aus Wirtschaft, Bundes- und Landespolitik waren nicht mehr so richtig jung und eigentlich an wohltemperierte Büroräume gewöhnt, gell!? Aufgrund des bissigen Nordostwindes und dementsprechender Klamotten, die diesen abhalten sollten, aber natürlich die Bewegungsabläufe mit der Flinte enorm behinderten, war die Aufmerksamkeit und somit die Schießleistung der Gäste miserabel. Die meisten froren wohl erbärmlich und ließen Wild Wild sein. Der Forstmeister signalisierte schon nach kurzer Zeit unserer Mannschaft, nach Möglichkeit ordentlich Strecke zu machen, um eine komplette Pleite abzuwenden. Haben wir auch gemacht. Zumindest versucht. Da ich gewohnt war, auch bei „normaler“ Kälte ohne Handschuhe zu schießen, ging mit den ungewohnten, aber jetzt unbedingt notwendigen Fingerlingen manche Situation in die Hose und somit zugunsten des Wildes. Ich war seinerzeit Endzwanziger und überaus passioniert, außerdem durch meine tägliche Arbeit draußen im Wald ja recht abgehärtet. Aber diese Saukälte, das heißt der Wind, der das alles noch steigerte, hat auch uns jungen Leuten damals gewaltig zugesetzt. Ich kann mich nicht entsinnen, dass eine Jagdgesellschaft nach dem sehr kurzen Ritual des Strecke-Legens, übrigens ohne die Hörner zu benutzen, so schnell verschwunden war. Und zwar der Aufforderung des Forstmeisters folgend, die warme Scheune zum Schüsseltreiben aufzusuchen. Saugut! Das Verblasen der Strecke hatten wir uns erspart, weil mir und einem weiteren Bläser während der Signale im Treiben die Lippen am Mundstück festgeklebt waren. Das kann ja mal für Unbehagen sorgen, wenn das Mundstück sich nur äußerst vorsichtig von den Lippen lösen lässt. Einer der lieben Mitjäger schlug vor, das Mundstück doch mit einem Feuerzeug zu erwärmen. Ich habe ihm im Falle einer Annäherung mit seinem Benzinkocher in Richtung meiner Lippen einige Tage Intensivstation in Aussicht gestellt. Der Kerl hat das wirklich ernst gemeint! Den restlichen Tag hatte ich trotzdem permanent das Gefühl, dass meine Lippen von innen beheizt wurden. Es kribbelte und spannte ekelhaft! Ich habe das in späteren Jahren nur noch einmal erlebt. Da wusste ich aber Bescheid und ließ sofort beim Einsetzen des Haftvorganges den Ansatzversuch des Hornes bleiben.

Ich kann mich heute leider nicht mehr an die gesamte Strecke entsinnen, weiß aber, dass es weit unter unseren gewohnten Zahlen war. Mein Schussbuch erzählt mir, dass ich fünf Hasen, drei Kanin und zwei Fasanenhähne erlegt habe. Das ist die absolut geringste Strecke gewesen, die ich in diesem Revier anlässlich einer Treibjagd erzielt habe. Die Erlegung des einen Hahnes ist mir in guter Erinnerung geblieben. Ich hatte den sich drückenden Hahn schon überlaufen, als er knapp neben mir aus dem angewehten Altgras aufstieg. Hussa, habe ich mich da mal erschrocken! Nachdem er wohl um die dreißig Meter abgestrichen war, konnte ich ihn mit sauberem Schuss aus der Luft holen. Beifall von den Nachbarschützen. Da wird es einem ganz kurz warm ums Jägerherz. Aber auch nur da. Und noch etwas ist mir in Erinnerung geblieben: Nachdem ich, zu Haus angekommen, zwecks Erwärmung der Gliedmaßen einige Grogeinheiten zu mir genommen hatte, musste ich feststellen, dass man auch trotz des segensreichen Gesöffs noch eine ganze Weile kalte Füße behält. Und das trotz Einsatzes meiner funkelnagelneuen Fliegerpelzstiefel, die ich mir jüngst geleistet hatte. Diese faszinierenden Stiefel habe ich seinerzeit bei Kettner erstanden. Der Anschaffung ging wochenlanges Abwägen bezüglich des saftigen Preises voraus. Ich glaube, die Stiefel lagen so um die 200 DM – oder vielleicht sogar noch etwas mehr? Das war für damalige Verhältnisse ein wahninniger Preis. Ich habe die Anschaffung dieser Stiefel nie bereut und sie bis zum totalen Aus, weil nichts mehr zu reparieren war, nach vierzig Jahren schweren Herzens entsorgen müssen. Bei dem kürzlich im Februar '21 erfolgten Wintereinbruch mit viel Schnee und saftigen Minusgraden war ich doch recht froh, nicht auf eine Treibjagd nach alter Art antreten zu müssen. Die Passion ist ja noch da, aber die Kälte, also nee!

Ho-Rüd-ho!

Wenn man fast fünf Jahrzehnte Jagd auf dem Buckel hat, dann gab es ganz sicher eine Menge Kontakte zu Hundeführern und ihren vierbeinigen Kumpeln. In aller Regel sind das angenehme Erinnerungen. Ich zumindest kann mich an keine negative Sache im Zusammenhang mit ihnen entsinnen. Und, ich habe eine erkleckliche Anzahl sogenannter Bewegungsjagden, die früher auch Gesellschafts- oder Drückjagden hießen, miterleben dürfen. Allerdings wäre es schlichtweg nicht wahr, während einer so langen Zeit im gesamten Ablauf solcher Veranstaltungen negative Erlebnisse zu leugnen. Allerdings waren nie oder selten die Hundeführer die Verursacher. Im Gegenteil, sie waren es oftmals, die die Patzereien, um nicht zu sagen Sauereien der Schützen wieder ausbügelten.

Immer hilfsbereit, unsere Hundeführer.

In meinem jagdlichen Freundes- und Bekanntenkreis befindet sich eine ganze Menge dieser tollen Jäger-Spezies. Sie sind durch die Bank hochpassionierte Jägerinnen und Jäger, die mit ihren Hunden durch dick und dünn gehen, um den

Schützen das Wild vor die Läufe zu bringen. Krankes Wild abfangen und das Vorliefern des ein oder anderen Stückes bis zum nächsten Weg werden von ihnen „nebenher“ erledigt. Das ist für Jäger, die sich nicht mehr zu den jüngeren Generationen zählen, ein wahrer Segen. Das Wohl und Wehe dieser Jagden hängt somit zum großen Teil von der Einsatzfreudigkeit und der Erfahrung dieser Hundeführerinnen und Hundeführer ab. Manches Stück, das krank das Treiben verlassen will, wird von den Hunden gebunden und vom Hundeführer abgefangen. Oftmals werden langwierige Nachsuchen dadurch überflüssig.

Bei all dieser passionierten und manchmal nicht ungefährlichen Tätigkeit liegt ihnen die Gesundheit ihrer Hunde über alles am Herzen. Den materiellen Wert eines Hundes kann man festlegen, den ideellen nicht! Schlimm, wenn einer der Hunde so geschlagen wird, dass er auf der Strecke bleibt. Oder aber während des Treibens auf einer Straße landet und totgefahren wird. Furchtbar, nicht nur für den Hundeführer! Ich habe ganz harte Jungs unter ihnen in einer solch schlimmen Situation hemmungslos weinen sehen. Gut so, besser kann das Wesen des Hundeführers nicht demonstriert werden! Versicherungsersatzleistungen oder aber Sammlungen der Jagdgemeinschaft können da, wie erwähnt, nur das Materielle abdecken. Das schwere Herz des Hundeführers erleichtert das nicht. Und doch machen sie weiter. Voller Passion und Leidenschaft wird für Nachwuchs in der Meute gesorgt, und alsbald sorgt das Geläut der Meute im herbstlichen Wald für Anspannung und Vorfreude bei den anstehenden Schützen. Was wäre ein solch jagdliches Geschehen ohne diese von der Meute erzeugte Stimmung!?

Ich habe in den vielen Jahren meiner Jagerei etliche Situationen erlebt, bei denen mir die Hilfe der Hundeführer zuteilwurde. Ob es, wie erwähnt, die Wildbergung oder aber das Markieren eines Anschusses war, der schlussendlich eine erfolgreiche Nachsuche gewährleistete, um nur einiges zu nennen. Dafür kann man nur dankbar sein. Ich achte, je älter ich werde, ihren enormen körperlichen Einsatz immer mehr und denke wehmütig an die Zeit, als ich als Treiberführer, mit der Meute über Stock und Stein gehend, den Schützen das Wild vor die Läufe brachte. Herrliche Zeiten! Und ich leide mit ihnen, wenn ich erfahren muss, dass einer den Kampf mit dem Keiler dieses Mal verloren hat und böse geschlagen wurde. Das geht an die Nieren. Ich danke der Allmacht, dass noch keiner meiner „Spezies" auf der Strecke bleiben musste. Auch das kommt leider vor. Ich bin voller Zuversicht, dass wir auch in Zukunft dieses hervorragende jagdliche Erleben genießen dürfen. Weil? Weil es immer wieder in den nachrückenden Generationen Mädels und Jungs gibt, die die Jagd mit der Meute als „ihre" Jagd entdecken. In diesem Sinne: „Ho-Rüd-ho".

Lieblingsplätze!

Hat ein jeder von uns. Warum man den einen oder anderen Ansitzplatz dazu kürt, wird wohl irgendwie auch immer ein kleines Geheimnis des jeweiligen Benutzers sein. Hat man einen eigenständig zu betreuenden Pirschbezirk, ist das Glück perfekt. Muss man sich mit mehreren Jüngern in Huberti Fläche und Ansitzmöglichkeiten teilen, kann es schon einmal Stress geben. Nämlich dann zum Beispiel, wenn man den ganzen Tag schon von „seinem" Lieblingsplatz geträumt hat und am Abend betrübt feststellen muss, dass der liebe Jagdfreund die Einrichtung bereits okkupiert hat. Pech gehabt. Vorbeugen kann man dem, indem man sich unbedingt untereinander abspricht oder aber einen gemeinsamen „Besetzungsplan" erstellt, der dann auch tunlichst eingehalten werden muss. Ansonsten ist er nicht das Papier wert, auf dem er erstellt wurde. Nun ja, sicher gibt es da auch noch andere Möglichkeiten, die Harmonie innerhalb einer Jagdkameradschaft zu erhalten. Manchmal allerdings sind auch die (scheinbar) absolut abgeklärtesten Jagdfreunde vor urplötzlich anfliegendem Jagdneid nicht sicher. Dabei muss es sich nicht immer unbedingt um eine „Kracher-Trophäe" handeln. Kann manchmal schon ein mickriger Jährling sein, dem man allerdings, bis zum Erlegungstermin durch den Jagdfreund, nicht weniger als, sagen wir mal, zwanzig Ansitze gewidmet hat. Zumal es manchmal schon nur noch einen Bruchteil von Sekunden bedurft hätte, um das Böcklein in den Rucksack einschliefen zu lassen. Nicht wahr!? Und dann sowas. Ausgerechnet von unserem Lieblingsplatz. Ob der das nun, wenn das immer wieder einmal geschieht, auch bleibt, kann ich aus persönlicher Erfahrung gottlob nicht beurteilen. Möglich wär's schon.

Solange ich in meinem Pirschbezirk, meinem kleinen Königreich jage, musste ich nur eventuellen Gästen, die von unserer Verwaltung auf einen Rehbock geführt wurden, den Vortritt lassen. Da ich häufig selbst der Jagdführer war und die hohen Herren eigentlich nie über viel Zeit verfügten, war es mit einem Abend- und einem Morgenansitz meistens schon vorbei mit der Blockade meines Pirschbezirkes. Manchmal allerdings, zumal, wenn die Zeit knapp war, einen ordentlichen Bock „anzubinden", musste der ein oder andere Lieblingsplatz benutzt werden. Und wenn dann dort der wochenlang gehütete, eigentlich für die eigene Trophäenwand vorgesehene Bock auftauchte, dann war es in der Regel um ihn geschehen. Der Erfolg der Gäste hatte absoluten Vorrang. Erfolg war Pflicht! Logisch, dass man bei solch einer Situation, nachdem man drei bis vier Mal am gestreckten Bock trocken geschluckt hatte, dem glücklichen Gast ein herzliches Waidmannsheil wünschte. Mit dem strahlensten Lächeln, das man aufbringen konnte. Einer dieser meiner Lieblingssitze hatte den schönen Namen „Ministersitz". Er war derzeit noch ohne Anzeichen

Absoluter Lieblingsplatz, immer wieder!

von Frevel in drei ca. zwanzigjährige Fichten installiert. Er lag am Rande einer Weihnachtsbaumkultur und war trotz eines nahen Weges immer gut für einen kurzen Besuch, noch vor Eintritt der Dunkelheit, um noch einen Bock mit dem Gast zu erlegen. Hat oft geklappt. Die Gäste, tatsächlich waren auch Minister aus Land und Bund dabei, waren dann regelmäßig glücklich über den kaum noch erwarteten Erfolg. Tolle Sache.

Was habe ich dort für Waidmannsheil auf Rehwild, Fuchs und die damals allmählich immer mehr werdenden Sauen gehabt. Logisch, dass solch ein Platz absoluter Favorit unter all den Leitern, Schirmen und Kanzeln werden kann. Leider wurde diese tolle Einrichtung nicht nur durch das Wachstum der Fichten beeinträchtigt – nein, eines schönen Tages hatte ein Sturm der Dreiergruppe, in der der Sitz integriert war, den Garaus gemacht. Ich habe diesem Sitz nicht unwesentlich nachgetrauert.

Ähnlich erging es einem Ansitzschirm, den ich mir unterhalb eines Wechsels in einem Buchen-Altholz gebaut hatte. Ursprünglich galt er einem starken Bock, den mir der Förster nach Bestehen der Jagdaufseherprüfung freigegeben hatte. Da in dem raumen Altholz keine Ansitzeinrichtung existierte, baute ich mir diesen tollen Schirm aus Kanthölzern, mit stabiler Sitzbank, Rückenlehne und Drahtgeflecht zwecks Verblendung mit Fichtenzweigen. Tolles Ding war das. Nicht nur den Bock erwischte es nach etlichen Ansitzen, bei denen mich im Juli die Mücken fast umbrachten – nein, auch ein Überläuferkeiler lag auf der Strecke und durfte mit meinem Uralt-Käfer die Reise zur Wildkammer antreten. Das alles passierte in kurzen Abständen und ließ meine Zuneigung zu diesem Bauwerk enorm wachsen. Nachdem nun auch die Winteransitze in zwar manchmal bitterkalten Nächten

Erfolg auf Reineke brachten, war die Freundschaft besiegelt. Sie hielt aufgrund der soliden Bauweise einige Jahre, bis, ja bis ich eines schönen Tages bei der Stammholzaufnahme massive Schlepper- und Schleifspuren im Altholz registrieren musste, die verdächtig nahe in Richtung meines Schirmes verliefen. Ich ahnte Böses. Aus der Ahnung wurde Gewissheit. Der Rücker hatte wohl das unförmig erscheinende Gebilde nicht als jagdliche Einrichtung erkannt, und eine seiner Fuhren hatte meinen Schirm „anjerempelt", wie der liebe Ostpreuße mir gestand. Nun ja, auf ein Neues. Natürlich habe ich in all den Jahren immer wieder „Lieblingsplätze" gehabt, habe sie auch manchmal ein bis zwei Dienstgrade nach unten beordert, wenn über längere Zeit dort nichts passiert war. So ist die Jagd. Eines habe ich aber nach Möglichkeit immer in Betracht gezogen. Nämlich, meine Lieblingsplätze so anzulegen, dass sie den Unbilden der Witterung und auch der Rückefahrzeuge so wenig wie möglich Angriffsfläche boten. Hat häufig geklappt. Allein die Stürme der letzten Jahre, wie z. B. Kyrill und Friederike, haben sich diesbezüglich nicht benommen und etliche meiner Einrichtungen zu Schrott verwandelt. Das hält mich aber nicht davon ab, auch weiterhin nach „Lieblingsplätzen" Ausschau zu halten und mit dementsprechenden Ansitzeinrichtungen auszustatten. Wer weiß, vielleicht wird aus dem einen oder anderen ja wieder für einige Zeit ein „Lieblingsplatz!?

Wippsteert!

Wer des Plattdeutschen mächtig ist, weiß, dass damit die Bachstelze gemeint ist. Der lateinische Name „Motacella alba" hinterlässt bei Nichtlateinern, zu denen ich auch gehöre, oberflächlich den Eindruck, dass es sich um eine neue italienische Eissorte handelt. Spaß beiseite. Hat mit Eis nichts zu tun. Grob ins Hochdeutsche übersetzt, heißt das ungefähr Wippschwanz oder so ähnlich, denn das „Wippen" des Stoßes ist recht auffällig. Bis auf die Tatsache, dass der zierliche Vogel scheinbar manches Mal zu früh im Jahr erscheint und noch Eis und auch Schnee im potentiellen Brutgebiet vorfindet, gibt es keine weiteren Auffälligkeiten. Und … was hat der kleine Geselle mit dem Wippsteert, mit der Jagd zu tun? Eine ganze Menge, behaupte ich! Nämlich, das Erscheinen der Bachstelze zeigt dem Jäger an, dass die Schnepfen da sind. Klappt vielleicht nicht immer auf den Tag genau, aber schlussendlich kommt das hin. Das war für die Jägerei in vergangenen Zeiten das Signal, die Flinten für den Frühjahrsstrich zu richten. Ich möchte hier nicht die Sprüche der Reihenfolge der vorösterlichen Sonntage aufführen, die ein gutes Gelingen beim Strich auf den Vogel mit der langen Nase in Aussicht stellten – oder auch nicht. Logisch, die Oster-Sonntage sind nun einmal flexibel von Jahr zu Jahr, und mancher Tipp diesbezüglich hätte dazu geführt, dass den noch nicht geschlüpften Küken die Bekanntschaft der Eltern nicht möglich gewesen wäre. Otto von Riesenthal (1830/1898) hatte dazu Folgendes parat:

Mit Okuli ist oftmals nichts, Lätare ist das Wahre.
Und selbst am Tage Judica hört schwatzen man die Stare.
Was tu' ich mit solch Prophezein in dem Kalenderjahre?!
Wenn's am Palmarum murkst und knallt, dann feiern wir Lätare.

Der Vogel mit dem langen Gesicht, faszinierend!

Wir sehen, dass auch die Altvorderen sich überaus waidgerecht verhalten haben. Die Frühjahrsjagd auf die Waldschnepfe ist seit 1976 verboten. Das geschah seinerzeit aus ideologischen Gründen. Der politischen Gruppierung, die das bis zur Jagdzeitänderung im Bundestag durchgedrückt hat, wurde vom DJV zu wenig Widerstand geboten. Unser alter Hundeobmann hatte dann immer einen Spruch parat: „Unsere Kopfhunde taugen nichts!" Schade drum, denn Schnepfen gab es, und Schnepfen gibt es. Die heutigen Jahresstrecken sprechen eine eindeutige Sprache. Ich habe das letzte Frühjahr der Schnepfenjagd noch erleben dürfen und konnte an einem fantastischen, klaren Märzabend meine erste Schnepfe erlegen. Ein Erlebnis, das mir noch heute, nach annähernd viereinhalb Jahrzehnten, vor dem geistigen Auge erscheint, als wäre es gestern gewesen. Süße Erinnerung! Übrigens, ich habe danach nur noch einmal eine Schnepfe erlegt. Obwohl ich bei den damaligen Flintenjagden im Herbst noch die eine oder andere Gelegenheit hatte, aber bewusst ausließ. Dieser Vogel war und ist etwas Besonderes für mich. Keine Beute, die man sich alle paar Tage an den Hühnergalgen gehängt hat.

Und heute? Im März, wenn das Wetter es zulässt, will heißen einigermaßen trocken und windstill ist, schnappe ich mir die Flinte, hänge meine alte Jagdtasche um und klappere die potentiellen Schnepfenlagerstätten ab. Wohl wissend, dass ich natürlich keinen der Zickzack-Flieger erlegen darf, freue ich mich, meine alte Flinte wieder einmal am Buckel zu haben. Sie anzuschlagen, wenn Murkerich vor mir hochpurrt und im schnellen Flug meinem Blick entschwindet. Die hätte ich gehabt! Vielleicht!? Jedenfalls war ich gut drauf! Jetzt fängt er an zu spinnen, werden nun wohl einige meinen. Nein, für mich ist das gelebte Erinnerung. Wenn dann, so nach zwei bis drei Stunden, ein bis zwei Schnepfen, manchmal mehr, Rekord waren, einmal sechs Langschnäbel vor mir aufgestanden sind, dann bin ich recht glücklich. Zum einen, dass der Vogel immer noch da ist und auch bleibt, zum anderen, dass ich meine Flinte wieder einmal gespürt habe. Wenn dann noch am Wirtschaftsweg, im Grabenmodder, Wippsteert auffliegt, dann grüß ich ihn und denke: „Hast recht gehabt, die Schnepfen sind da!"

Der Jäger – ein Hirte?

Ja klar! Ein Hirte hütet, behütet seine ihm anvertrauten Schäfchen. Unabhängig von den Gesetzesvorgaben, die da sagen, dass das Jagdrecht mit der Pflicht zur Hege verbunden ist, verfährt im Grunde der Jäger schon lange Zeit genauso. Ich zitiere: „Die Hege hat zum Ziel die Erhaltung eines den landschaftlichen und landeskulturellen Verhältnissen angepassten artenreichen und gesunden Wildbestandes sowie die Pflege und Sicherung seiner Lebensgrundlagen." Zitat Ende. Das ist die Kernaussage des BJagdG § 1, Absatz 2. Aber mittlerweile sind wir bei einer unserer Schalenwildarten, nämlich dem Muffelwild, kurz davor, diesen Job tatsächlich ausschließlich als Hirte auszuüben. Trotz fragwürdiger Gesetzesvorgaben, die uns in den letzten Jahren durch grüne Beeinflussung in den jagdlichen Alltag gerieselt sind, ist die Umsetzung des o. g. Paragrafen das absolute Ziel. Dabei behüten wir nicht nur unser Wild – nein, auch bei anderen freilebenden Tieren ist das eine Selbstverständlichkeit. Dass das schon immer so war, muss ich wohl nicht extra erwähnen!?

Ulf mit seinen Hunden in einer kurzen Pause.

Das Muffelwild wird durch die mittlerweile weit überhöhten Wolfsbestände in unserem Land massiv in seiner Existenz bedroht. Das einseitige Schützen und Hochpäppeln einer Art aus rein ideologischen Gründen ist nicht nachvollziehbar. Dass dabei nicht nur Symbiosen im bisherigen Naturgeschehen unwiederbringlich zerstört werden, scheint diese Spinner nicht zu interessieren. Ganz offensichtlich auch nicht die durch den Verlust ihres Nutzviehs in ihrer Existenz bedrohten Schaf-, Rinder-, und Pferdehalter. Wer so eiskalt nur seine Linie verfolgt, kann, mit Verlaub gesagt, nicht ganz richtig im Stübchen sein. Das sind die Typen, die wohlversorgt und wohlbehütet in den Betonsilos der Städte ihr Dasein fristen, ohne den Schimmer einer Ahnung über die Zusammenhänge in Wald und Feld, völlig naturentfremdet den Land- und Forstwirten, den Schäfern, Schweine- und Rinderzüchtern sagen wollen, wo es denn ihrer Meinung nach lang zu gehen hat. Da haut's dich aus den Socken, was diese Vögel für Argumente präsentieren. Der Wolf darf hier leben, das Muffelschaf nicht. Warum? Weil es nicht hierher gehört, es ist ein Neozoon, der Wolf darf schon. Wenn den lieben Wolf (schon die Gebrüder Grimm waren da allerdings anderer Meinung, nicht wahr?) die bösen Jäger und Bauern nicht schon im achtzehnten Jahrhundert so gut wie ausgerottet hätten, wäre er ja bis zum heutigen Tag eh präsent gewesen. Jawohl! Ich denke, die Menschen hatten seinerzeit Gründe, Isegrim auf die Pfoten zu klopfen. Und es komme was da wolle, ich bin der Meinung, dass wir da wieder anknüpfen müssen in Zukunft. Nicht ausrotten, nein, ganz und gar nicht, aber eine Regulierung der Rudel auf ein für alle Seiten akzeptables Maß.

Das Muffelschaf hingegen ist vor ca. 200 Jahren aus dem Mittelmeerraum, Korsika und Sardinien speziell wieder bei uns angesiedelt worden. Das stimmt. Allerdings ist es unklar, ob das Muffelwild vor ca. drei- bis viertausend Jahren in Europa durch Beschneidung der Lebensräume und starke Bejagung in die genannten Gegenden abgedrängt wurde. Es gibt allerdings auch Anzeichen dafür, dass das Wildschaf vor ca. siebentausend Jahren als Begleiter jungsteinzeitlicher Menschen von Europa nach Korsika und Sardinien gelangte. Siehst du wohl, lieber Wolfsliebhaber, das Muffelschaf ist ebenfalls ein alter Europäer! Nur eben mal kurz weg gewesen. Wie auch Isegrim, zwar zugegebenermaßen etwas länger, aber, alter Europäer. Ein paar tausend Jahre Unterschied spielen in der Erdgeschichte eine Größenordnung, die kaum registriert werden kann. Wenn es denn ein echter Invasor (was für ein fürchterliches Wort), Neozoon wäre, dann hätte das Muffelwild nicht diesen europäischen Stammbaum. Den haben Waschbär, Marderhund, Mink, Nutria und die Nilgans nicht. Auch um diese Spezies kümmert sich die Jägerei neben der eigentlichen Aufgabe. Das u. a. steht der einseitig ideologischen, wenn auch beängstigenden Beschäftigung der Freunde und Behüter einer einzelnen Kreatur konträr gegenüber.

In meinem Bundesland, Niedersachsen, gibt es seit Anfang des vorletzten Jahrhunderts Muffelwildvorkommen in der Görde, im Ostharz, speziell Harzgerode, im Solling, in den Hainbergen, die nordwestlich dem Harz vorgelagert sind, und deren weiter nach Osten folgenden Höhenzügen um Lutter am Barenberge und Ostlutter. Seit etlichen Jahren bin ich in der glücklichen Lage, dass ich in die Reviere um Lutter a. Bbg. und Klein- und Groß-Heere in die Hainberge eingeladen werde. Tolle Sache! Hier habe ich auch schon Waidmannsheil auf Muffelwild gehabt. Keine dicken Widder, nein, in Lutter ein Schmalschaf und in Groß-Heere ein Altschaf. Beide Erlegungen waren recht Ad-

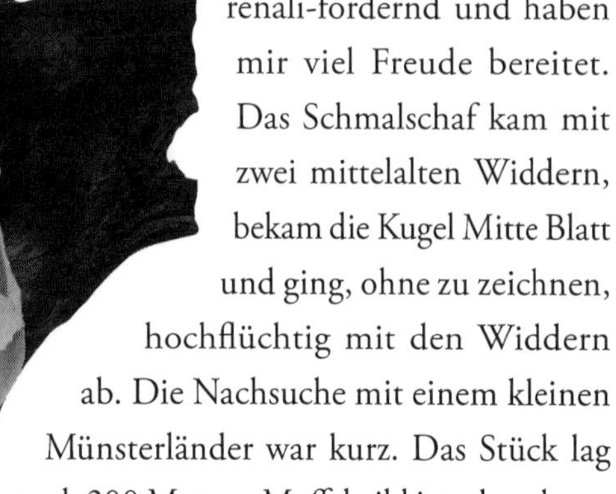

Ein uraltes Schaf.

renali-fördernd und haben mir viel Freude bereitet. Das Schmalschaf kam mit zwei mittelalten Widdern, bekam die Kugel Mitte Blatt und ging, ohne zu zeichnen, hochflüchtig mit den Widdern ab. Die Nachsuche mit einem kleinen Münsterländer war kurz. Das Stück lag nach 200 Metern, Muffelwild ist sehr schusshart. Das Altschaf in Groß-Heere kam zu Beginn des Treibens mit einem ca. dreißig Kopf starken Rudel bis auf achtzig Meter vor meinen Drückjagdbock und verhoffte. Die im Zielfernrohr angepeilten Teufelchen und Jährlinge standen ums Verrecken nicht frei. Da fängst du an zu zittern, Waidgesell! Das Rudel stand wie eine Wand vor mir. Urplötzlich zog das Altschaf an, stand frei, und schon hatte es die Kugel auf dem Blatt. Wiederum ohne zu zeichnen, floh das Stück mit dem Rudel. Die Bühne war leer. Nach einer Stunde kam ein Hundeführer, mein alter Freund Ulf, vorbei und begehrte zu wissen, was denn so an meinem Stand los gewesen sei bislang. Das war schnell erzählt; er versprach mir, auf dem Rückweg die beschriebene Fluchtrichtung mit dem Hund nachzusuchen. Die Stunde bis dahin wurde lang. Das ist immer so, wenn man sich seiner Kugel zwar sicher ist, aber das Stück nicht in Sichtweite liegt. Einziger Trost war das Wissen, dass Muffelwild hart im Nehmen ist und noch lange nach dem Schuss auf den Läufen sein kann. Das Treiben neigte sich dem Ende zu, als Ulf mit seinem Hund in Sichtweite kam. Nachdem ich ihn kurz eingewiesen hatte, folgte er der Fluchtrichtung des Rudels, und schon nach zwei Minuten konnte ich ein erlösendes „Waidmannsheil" von ihm hören. Vorbei die Pein der Ungewissheit und groß die Freude, als der Freund mir das Schaf bis zu meinem Platz zog. Er grinste über das ganze Gesicht: „Es hat Schläuche, ganz winzige Knubbel, Waidmannsheil nochmal!" Danke, dicker Waidmannsdank!

Wer die Möglichkeit hat, in freier Wildbahn Muffelwild beobachten zu können, wird immer wieder begeistert sein. Dass es mittlerweile in der Görde durch den Wolf so gut wie ausgerottet ist und in Harzgerode auch nicht gut aussieht, macht mich sehr traurig. Es muss doch unter erwachsenen Menschen die Möglichkeit geben, eine für beide Arten bestmögliche Lösung zu finden!? Das unkontrollierte Anwachsen der Wolfspopulation kann zu den bislang schon bestehenden Problemen noch ungeahnte Steigerung erfahren. Dass auf unseren Straßen heutzutage aufgrund des überhöhten Wolfsbestandes Wölfe totgefahren werden, ist dem derzeitigen Zustand unserer Infrastruktur geschuldet. Unsere Landschaft ist nicht mehr „nur" für den Wolf geeignet. Das einzusehen, müsste doch eigentlich gar nicht so schwer sein!? Ich hoffe inständig und glaube fest daran, dass wir das alsbald in den Griff bekommen. Der unverhoffte Anblick, weil er wieder Respekt vor dem Menschen gelernt hat, eines Wolfes in freier Wildbahn wird dann sicher wieder für die gleiche Begeisterung sorgen, wie es beim Anblick eines kopfstarken Muffelwildrudels der Fall ist. Und, er hat einen starken Partner. Nämlich? Den Jäger natürlich, der ihm genauso Hirt ist wie bei allem, was da kreucht und fleucht.

Wildunfälle!

„Hier ist die Polizei. Guten Morgen. Bitte entschuldigen Sie die nächtliche Störung. Uns wurde ein Unfall mit einem Wildschwein im Bereich Ihres Dienstbezirkes gemeldet. Unsere Kollegen sind mit dem Streifenwagen vor Ort und erwarten Sie dort. Angeblich lebt das verunfallte Wildschwein noch. Wir bitten Sie, schnellstmöglich zu kommen." Nachdem der Beamte mir noch den genauen Unfallort angegeben hat, lege ich das Telefon zur Seite und schaue schlaftrunken zur Uhr. 2.35 Uhr, jetzt im Juli ist es eigentlich nicht richtig dunkel draußen. Nun gut, etwas Wasser ins Gesicht, einen Schluck kalten Kaffee, Klamotten an, Büchse, Revolver, Messer, Autoschlüssel. Alles am Mann? Ach, meine Wachtelhündin meldet sich nasenstubsenderweise an. Fragender Blick der Hündin. „Na klar musst du mit, keine Ahnung, wie viel Leben noch in der Sau ist." Ab zum Auto und los geht's.

So oder ähnlich erging es mir oftmals während meiner Forstdienstzeit. Wenn sich auf der Försterei nachts niemand mehr ans Telefon locken ließ, dann war ich als nächster Ansprechpartner der Polizei dran. Vor einiger Zeit hat es bundesweit Stress in manchen Kommunen gegeben, was das Bergen verunfallten Wildes betrifft. Manche Kommunen waren der Meinung, dass die Jägerei dazu verpflichtet ist. Dem ist nicht so. Auslöser dieser Debatte, die dann vielerorts folgte, war die Erhebung der sogenannten Jagdsteuer, die viele Kommunen den Jagdpächtern ins Auge drückten. Der nachhaltige Protest der Jägerei und die Androhung, ebenfalls bundesweit verunfalltes Wild nicht mehr zu versorgen, haben gottlob bei vielen Kommunen zum Umdenken geführt. Schlussendlich hat es dann vielerorts zum Ende dieser lästigen und meiner Meinung nach ungerechten Steuer geführt.

Wenn man sich die jährlichen Unfallstatistiken mit Wild anschaut, dann bekommt man ein ungefähres Gefühl dafür für das, was ich anfangs geschildert habe. Die Wildunfall-Statistik 2018/2019 des DJV weist folgende Zahlen aus:

Rehwild 202.810, Schwarzwild 24.470, Damwild 4.330 und Rotwild 3.250 Stück. Gewaltige Mengen, denen man sicher noch eine unbekannte Dunkelziffer zugestehen muss. Von dem totgefahrenen Niederwild wollen wir hier gar nicht erst reden. Das werden wohl Zahlen sein, die uns die Sprache verschlagen würden. Zumal man kaum etwas davon erfährt. Ein Hase ist schnell mal im Kofferraum verschwunden. Dass das Wilderei ist, zündet beim Großteil der Autofahrer nicht. Was für ein Verlust an Schalenwildbret, dessen Erlös der Jagdkasse entgeht. Und was für ein wahnsinniger Aufwand, den die Jägerei leistet, um zum einen das kranke Wild schnellstmöglich zu erlösen und was andererseits ein jeder, der diesen Job macht, an Ausrüstung, Hunden usw. vorhalten muss. Ich brauche wohl nicht zu erwähnen, dass es in den seltensten Fällen dafür eine Entschädigung gibt. Das ist die Kehrseite der Medaille, die dann „gar lustig ist die Jägerei" gar nicht mehr so lustig ist.

Speziell in den Zeiten der Paarung unseres Schalenwildes müssen wir oft und zu allen möglichen Nacht- und Tageszeiten ausrücken, um verunfalltes Wild von seinen Leiden zu erlösen. Nicht selten unter hohem Risiko für die eigene und auch die Gesundheit unserer Hunde. Zumal in den seltensten Fällen die Aussagen der unfallbeteiligten Autofahrer zuverlässig sind, was Art, Größe und Verletzung des Wildes betrifft. Vordergründig wird über den eigenen Schaden gejammert und natürlich oft die Geschwindigkeitsangabe auch auf bekannten wildreichen Strecken heruntergelogen. Selbstschutz? Der wäre vor dem

Crash sinnvoller gewesen! Nun ja. Nun ist es passiert. Nicht selten habe ich es erlebt, dass ich von den Unfallverursachern als Mörder tituliert wurde, wenn ich mich anschickte, die arme Kreatur zu erlösen. Es gab krasse Fälle, wo die gottlob noch anwesenden Polizeibeamten massiv einschreiten mussten, um meine körperliche Unversehrtheit zu schützen. Diese „Tierfreunde", die Gewalt androhten, waren nicht selten die Unfallfahrer! Aber, es geht auch anders. Die Leute, die mit tränenerstickter Stimme darum baten, das Stück noch zu einem Tierarzt zu bringen, gab es natürlich auch. Nicht selten habe ich einige Zeit aufwenden müssen, diesen Menschen ruhig und sachlich zu erklären, warum das keinen Zweck hat. Selbstverständlich habe auch ich Situationen erlebt, die wirklich an die Grenze des Erträglichen gingen. Grauenvolle Bilder von zusammengefahrenen Rehen und Sauen, die sich instinktiv auf den zerfetzten Läufen noch in Sicherheit bringen wollten, geistern noch heute durch meine Träume. Ich denke, dass alle, die damit zu tun hatten und auch heutzutage immer noch tagsüber und in der Nacht ausrücken, um sich um verunfalltes Wild zu kümmern, Ähnliches erlebt haben. Ganz schlimm ist es, wenn zu allem noch Menschenleben zu beklagen sind.

Ich bekam nachmittags einen Anruf vom Förster, mich doch bitte in meinen Pirschbezirk zu begeben, um an einer viel befahrenen Straße, die durch den Wald führt, nach einem verunfallten Kitz zu schauen. Vor Ort stand ein Radsportler und hielt „Wache" bei dem wohl einige Tage alten Kitz. Beide Vorderläufe hatten ekelhafte Splitterbrüche. Die kleine Kreatur lag mit weit aufgerissenen Lichtern am Rande des Banketts und atmete schwer – unfähig, sich zu bewegen. Ein herzerweichender Anblick. Auch für einen altgedienten Jäger. Vermutlich hatte das Rückgrat auch noch etwas abbekommen. Der

Radler stellte sofort die Frage, ob wir mit dem Kitz noch zu einem Tierarzt könnten. Dann wäre er gern dabei, um zu helfen. Feiner Kerl. Ich betastete vorsichtig das kleine Geschöpf, was zur Folge hatte, dass es einen herzzerreißenden, lauten Schrei abgab. Richtig gerissen hat es mich. Ich machte dem Radler klar, dass ich das Stück nunmehr erlösen würde. Erst sah er mich entsetzt an und sagte mit fragendem Blick: „Dann kann man nichts mehr machen?" Ich schüttelte den Kopf. „Dann machen Sie es gut, ich fahre jetzt, das kann ich nicht mit ansehen." Er fuhr. Das folgende Finale ist mir sehr schwergefallen. Da kann man noch so lange Jahre Jäger sein, das schlaucht!

Der anfänglich geschilderte Einsatz auf ein angefahrenes Wildschwein endete gottlob anders, als ich es befürchtet hatte. Die Beamten vor Ort erzählten, der Unfallverursacher hätte mehrere Sauen über die Straße wechseln sehen, und noch beim Abbremsen hätte es geknallt. Das Stück hätte kurz am Straßenrand gelegen und „gestrampelt" und wäre dann schwerfällig den anderen Sauen hinterher. Tolle Sache. Die Beamten verabschiedeten sich, und ich holte die Hündin aus dem Auto. Allmählich wurde es im Osten hell. Auf dem Asphalt waren außer der Bremsspur nur ein wenig Schweiß und Borsten zu finden. Auf dem Bankett außer massiven Eingriffen nichts. Das konnte ja heiter werden. Bestimmt war das Stück noch gut beieinander!? Was tun? Warten, bis es hell ist. Der Hund wäre gleich gern weiter, aber ich hatte keine Lust, einem kranken Stück Schwarzwild unbekannter Größe in den nahen Busch zu folgen. Die nächste Stunde der Warterei mit immer wieder zufallenden Augen, langsam wachsendem Hunger und Kaffeedurst wurde immer ungemütlicher. Also los. Hündin an den langen Riemen und „such voran, mein Hund". Durch den Graben, durch das nasse Rübenfeld suchte die Hündin ab und zu buchstabierend recht zügig voran. So ist's recht, mein liebes Mädel. Klatschnass bis zum Bauchnabel, stand ich dann nach den Rüben am Bestandesrand. Dort verhielt die ebenfalls klatschnasse Hündin, schüttelte sich das Wasser aus der Decke und nahm die Nase hoch. Dann drehte sie sich zu mir um. „Was ist los, Scheckerle?“, versuchte ich sie anzurüden. Sie hielt die Nase in Richtung Waldrand und zog etwas an. Verhoffte wieder. Ich ließ sie ablegen und ging bis zum ersten Traufenbaum. Und … da lag mausetot eine stramme Überläuferbache. Puh, Gott sei Dank. Komm her, mein Mädchen, das hast du fein gemacht. Hündin und Herrchen waren glücklich über diesen Abschluss. Bei einer ähnlichen Situation erging es mir und meiner Wachtel nicht so gut. Die angefahrene Sau von ca. 50 kg war trotz extrem verletzten Hinterläufen mit dem Rest des Körpers noch recht intakt. Da kann man immer wieder nur staunen, was unser Wild doch zäh bei selbst schwersten Verletzungen ist. Nachdem sich meine Hündin ein Paar eingefangen hatte, musste ich nunmehr einen wahren Veitstanz um die umstehenden Buchen veranstalten, um nicht umgerannt zu werden. Erst der vierte Schuss aus dem 357er Revolver, gottlob mitten aufs Haupt, ließ die Sau verenden. So etwas kann böse für Mensch und Hund enden. Glück gehabt.

Ich glaube, ich brauche nun nicht mehr zu erwähnen, dass viele Nachsuchen auf verunfalltes Wild eben nicht so toll zum Ende führen, wie ich es in der ersten Nachsuche geschildert habe. Auch mir sind Misserfolge nicht erspart geblieben, die zumal von Fall zu Fall oftmals für lange Zeit für Unbehagen und nachdenkliche Stunden gesorgt haben. Ich wünsche allen Jägerinnen und Jägern, die jederzeit bereitstehen, um verunfalltes Wild von seinen Qualen zu erlösen, viel Erfolg und ein gesundes Heimkommen nach Bergung und Nachsuche.

Waidwerk ist Handwerk!

Es sind etwas über zwanzig Jahre her, als ich im Kreis der Ausbildungsleiter, Jägerschaftsvorsitzenden und Kreisjägermeister über die im Titel genannte Aussage diskutierte. Zwischen den sechs anwesenden Kommunen gab es da grundsätzliche Übereinstimmung. Als ich jedoch kundtat, dass ich den Begriff vom „Grünen Abitur" für die bestandene Jägerprüfung nicht so hoch ansiedeln würde, regte sich teilweise sehr emotionaler Widerstand. Damit hatte ich nicht gerechnet. Meine Begründung, dass mir ein handwerklich gut ausgebildeter „Grüner Handwerksgeselle" lieber wäre als ein „Grüner Abiturient", der wohl die Theorie exzellent, aber die jagdliche Praxis nur mangelhaft beherrscht, sorgte wohl für etwas Verwirrung. Mir wurde entgegengehalten, dass ja schließlich diese beiden Typen grundsätzlich in jedem der Kurse, die die Kreisjägerschaften durchführen würden, präsent wären und die Lernbereitschaft eines jeden Teilnehmers natürlich unterschiedlich sei. Die goldene Mitte, also eine optimale Mischung der beiden Typen, die dann den jagdlichen Alltag meistern würden, wäre wohl, wie auch im übrigen Leben, eher seltener der Fall. Es wird eben nie nur den Handwerker-Typ und genauso wenig nie nur den Abiturienten-Typ geben. Wohl wahr! Und doch ist es so, ganz ohne Zweifel, dass Absolventen der Kreisgruppen sowie auch die der Jagdschulen hochqualifizierte Ausbildung erfahren. Wer nicht die Zeit hat, sich einem mehrmonatigen Kurs anzuschließen, der entscheidet sich für den Kurs, der nur ein paar Wochen dauert. Dass diese kurze Ausbildungszeit stressiger ist, dürfte

Wer handwerklich geschickt ist, baut sich seine Fallen selbst.

einleuchten. Ob dabei die praktische Ausbildung, die in den Jägerschaftskursen mittlerweile einen hohen Stellenwert hat, leidet, muss nicht grundsätzlich so sein. Einige Bekannte, die sich für einen solchen Kurs entschieden hatten und erfolgreich abschließen konnten, haben das jedoch hin und wieder bemängelt. Das muss, ich betone das nochmals, nicht für jede Jagdschule zutreffen. Aber wenn es hier und da so läuft, ist es umso wichtiger, sich nach dem bestandenen Kurs um diesbezügliche Weiterbildung zu bemühen. Natürlich sollten das auch die Jägerschaftsschüler tun. Die Lehrzeit einer Jägerin oder eines Jägers währt ein Leben lang! Die anfangs erwähnte Diskussionsrunde ließ mich schlussendlich wissen, dass sie keine Notwendigkeit sah, den Begriff des „Grünen Abiturs" fallen zu lassen. Natürlich waren auch sie dafür, der kommenden Jägergeneration nach wie vor unbedingt eine fundierte handwerkliche Ausbildung zu bieten, ohne dabei den Anspruch zu erheben, dass das bei allen nachhaltig greifen würde. Nun ja, so soll, so muss es wohl sein!?

Ich freue mich am Ende jeder Bewegungsjagd, wenn ich beobachte, wie sich die junge Generation um das Wild kümmert, es sauber aufbricht und akkurat zur Strecke legt. Daneben gibt es aber auch Teilnehmer, ob jung, und jetzt kommt's, ob alt, die mehr oder weniger hilflos der Szenerie beiwohnen. Ja, auch ältere Jahrgänge sind nicht selten bei den Inaktiven, obwohl sie schon eine Reihe von gelösten Jahresjagdscheinen vorweisen können. Fatal!? Entweder sie können es nicht, oder aber sie haben schlichtweg einen Ekel vor der ganzen Sache. Dann gibt es für mich nur zwei Möglichkeiten: Entweder sie überwinden sich und bitten darum, dass ihnen das jemand zeigt, oder sie überlegen sich, ob das der richtige Zeitvertreib für sie ist. Was machen diese Menschen beim Einzelansitz, falls sie diesen überhaupt ausüben? Nicht überall ist gleich ein Fleischer-Fachbetrieb in der Nähe, der das gegen Entgelt erledigen würde. Nichts für ungut, aber das Aufbrechen des Wildes gehört nun einmal dazu. Ebenso das Abschwarten von Sau und Dachs, das Aus-der-Decke-Schlagen von Rot-, Dam-, Reh- und Muffelwild, das Abbalgen von Hase und Kanin und schlussendlich auch das Streifen des Raubwildes sowie auch die Behandlung erlegten Federwildes. Nicht zu vergessen das Herrichten der Trophäen und das saubere Zerwirken unseres Wildes. Unsere Küchenfee freut sich über einen akkurat hergerichteten Braten. Jagdliches Basis-Handwerk in seiner reinsten Form eben. Es ist noch kein Meister vom Himmel gefallen, sagt man so schön, darum heißt es Üben, Üben, Fragen, mit den Augen klauen und nochmals üben. Die nachwachsende Jägergeneration ist also gut beraten, wenn sie sich beim Versorgen der Strecke intensiv ums Wild kümmert. Manch altgedienter Waidgeselle, dem schon das ein oder andere Zwicken zu eigen ist, wird es ihnen danken.

Wenn, wie oben erwähnt, Jägerinnen und Jäger sich davor ekeln, mit toten Tieren umzugehen, so ist das äußerst negativ! Allerdings, der Umgang mit unserer Beute bleibt der praktizierenden Jägerei ja nun ganz und gar nicht erspart. Auch hier sollte Übung schlussendlich eine gewisse Routine und Gewöhnung bringen, nicht Abschreckung! Mir ist es nach vielen Jahren teilweise massiver Einsätze bezüglich der Streckenversorgung noch einmal so richtig bis an die Grenze des Erträglichen gegangen. Ich bin normalerweise diesbezüglich so schnell nicht zu beeindrucken. Wie bereits erwähnt, lernen wir ein Jägerleben lang immer wieder dazu. Ich hatte anlässlich eines Taubenjagdtages in einem Stangenholz eine uralte verendete Ricke gefunden. Meine Nase hatte mir den Weg gezeigt. Die Ricke war schon mächtig „aufgelöst“

und stank bestialisch. Mit dem Nicker und zugehaltener Nase, einhergehend mit zeitweiser Schnappatmung, hatte ich den Äser ein wenig angeschärft und geliftet, um einen Blick auf die Zähne zu werfen. Da war eigentlich nichts mehr. Ein wirklich uraltes Mädel, das hier seine letzte Ruhestätte gefunden hatte. Reinekes Sippe hatte wohl auch schon zum Leichenschmaus vorbeigeschaut. Ich nahm mir vor, das Stück am nächsten Tag einzubuddeln. So geschah es dann auch. Jedoch, ich hatte, jetzt in der Schonzeit für Rehwild, etwas vergessen. Nachdem ich meinem Chef und Revierförster von der Ricke erzählte, fragte er nach dem Unterkiefer. Oh ha, ich hatte vollkommen vergessen, dass wir seit einiger Zeit für eine Untersuchungsreihe des Veterinäramtes sämtliche Unterkiefer des weiblichen Rehwildes abliefern mussten. Und nun? „Dann buddeln Sie das Stück man wieder aus und bergen den Unterkiefer“, sprach sodann der Chef. Jawohl, nichts einfacher als das, nicht wahr. Allein bei dem Gedanken bekam ich schon das große Würgen, wenn ich an meinen ersten Arbeitseinsatz an dem alten Stück dachte. Zur Hilfe und weiteren Ausbildung nahm ich, ganz selbstlos, einen recht frischen Jungjäger mit, der unbedingt dabei sein wollte. Na ja, dann wollen wir mal. Wir schaufelten das Haupt des alten Mädels wieder frei und mussten feststellen, dass sich geruchsmäßig keine Linderung eingestellt hatte. Im Gegenteil! Vermutlich war das just der Höhepunkt der finalen Reife!? Unter angehaltener Luft versuchte ich den Unterkiefer auszulösen, was mir nach einiger Zeit auch gelang. Im Grunde genommen war die Konsistenz des Schädels nur noch eine einzige schlabbrige Masse. Herrschaftszeiten, da haut’s dich aus den Socken! Ich schabte mit dem Nicker die Wildbretreste vom Knochen und signalisierte dem Jungjäger, nunmehr die Gruft wieder zu schließen. Er reagierte nicht sofort, was mich veranlasste, ihn anzuschauen. Oh je, der Blick war starr auf die Ricke gerichtet, das Antlitz wirkte wie auf Leiche geschminkt. Oh Mann, was ist los?! Nach meiner nochmaligen Aufforderung, die Gruft zu schließen, kam wieder Bewegung in den Bengel. Tolle Sache! Wir haben dann den Ort dieses außergewöhnlichen Erlebnisses umgehend verlassen. Da ich bei meiner OP keine Handschuhe benutzt hatte, zog ich mir zum Lenken meines Käfers ein paar solide Arbeitshandschuhe an. Sonst hätte ich die ganze Karre desinfizieren müssen. Die Handschuhe flogen in die Mülltonne, wo sie noch tagelang bei der Beschickung durch die Frau des Försters für Irritationen sorgten. Ich habe es ihr nicht verraten. Meinen Nicker habe ich vierzehn Tage gewässert. Meinen Händen, die diverse Waschgänge durchleiden mussten, haftete auch nach einigen Tagen immer noch dieses leicht gruftige Säuseln an. Glaube ich jedenfalls. Final kann ich aber verkünden, der Jungjäger hat, genau wie ich, keinen nachhaltigen Schaden davongetragen. Im Gegenteil, viel schlimmer konnte uns in Zukunft wohl kaum noch etwas bei der Versorgung des Wildes unterkommen. Das war harte, aber durchaus praktische Schule. Muss man, wie oben erwähnt, alles mal mitmachen.

So vielfältig, wie die Jagd ist, so vielfältig sind die Arbeiten, die im Jahresablauf anfallen. Ich will hier jetzt keine monatlichen Arbeitsabläufe aufführen, dazu gibt es ausreichend gute Lektüre. Mich hat als Jungjäger ein Buch von Wildmeister Hans Behnke mit den ausführlich beschriebenen monatlichen Aufgaben stark inspiriert. Ein faszinierender Leitfaden. Aber das Wesentliche, was uns als Betreuer eines Pirschbezirkes oder eines Pachtrevieres zum Beispiel obliegt, möchte ich doch erwähnen. Und zwar das Erstellen und Aufstellen von jagdlichen Einrichtungen, als da sind Leitern, Kanzeln und Schirme, sowie ständig für deren Betriebssicherheit zu sorgen. Das Anlegen und die Pflege von Pirschpfaden. Das Einrichten und Beschicken von Salzlecken, das Herrichten von Suhlen und Luderplätzen, das Anlegen und die Pflege von Wildäckern. Das Begründen von Remisen für Fasan und Hase, das Anlegen von Blühstreifen in Zusammenarbeit mit dem Landwirt, und wer Enten hat, der muss sich um Bruthilfen für die Breitschnäbel bemühen. Wer noch das Glück, hat Hühner im Revier zu haben, tut gut daran, sich umfassend um deren Schutz zu bemühen. Wer nun noch passioniert mit der Falle jagt, der hat genug um die Ohren im Jahresablauf. Und, auf keinen Fall dürfen wir vergessen, unseren vierbeinigen Jagdkumpel in Form zu halten. Dies alles fällt, wohlgemerkt, für die Jägerinnen und Jäger an, die die Jagd während ihrer Freizeit ausüben. Unseren Berufsjägern würde dazu noch eine ganze Menge mehr einfallen, und sie werden über meine kleine Liste wohl ein wenig schmunzeln!? Sei's drum, um all dies zu bewältigen, bedarf es einiger handwerklicher Fähigkeiten – ganz ohne Zweifel. Wer sie nicht vom lieben Gott in die Wiege gelegt bekommen hat, tut gut daran, sich darum zu bemühen. Die Kurse der Kreisgruppen und die der Jagdschulen sind, wie erwähnt, darum bemüht, diesbezüglich auszubilden. Wer gut aufpasst, lernt fürs Leben.

Okandivi!

Beim Kreuz und Quer durch diverse Jagdreviere außerhalb meines heimatlichen Jagdgeschehens sind meine Frau und ich immer wieder einmal bei unseren Freunden in Namibia gewesen. Ich habe in meinen bisherigen Büchern und auch in Jagdzeitschriften häufig und gern darüber berichtet. Jetzt wurde das wahr, was wir seit Jahren befürchtet hatten: Hanne und Erwin verkauften ihre Farm. Der jahrzehntelange Gästebetrieb hat seinen Tribut gefordert. Die beiden entschlossen sich, einen geruhsameren Abschnitt ihres Lebens einzuläuten. Alle, die die beiden auf ihrer Farm im alltäglichen Betrieb, den so eine Jagdfarm mit sich bringt, erlebt hatten, gönnten es ihnen von ganzem Herzen. Jedoch, wenn man sich, wie auch wir, im Laufe der Jahre in dieses Land ein wenig,

Unsere Unterkunft in all den Jahren.

oder auch mehr, verliebt hatte, war es schwer, sich vorzustellen, nicht mehr auf Okandivi jagen zu können. Und doch ist es so gekommen.

Und hat uns're Sonne ins Herz dir gebrannt,
dann kannst du nicht wieder gehen …
(Aus dem Süd-Wester-Lied)

Die Kudufärse stand scheibenbreit auf ca. fünfzig Meter vor uns. Jedoch, ich konnte sie einfach nicht freibekommen. Jetzt zur Mittagszeit drängten die Beester (Rinder) hier am Posten zum Wasser und ließen mir bei ihrem massiven Drängen dorthin vorläufig keine Lücke, um einen sicheren Schuss anzubringen. Es wurde kribbelig. Erwin, der Farmer und Freund, spekulierte unablässig. Ab und zu deutete er an, auf seiner Schulter aufzulegen, um der drohenden Verkrampfung im Anschlag zu entgehen. Gut gemeint, aber noch konnte ich das aushalten. Oh Mann, warum mussten die Rinder gerade jetzt in so großer Zahl zum Wasser ziehen!? Irgendwann, nach aufregenden Sekunden, Minuten stand das Stück frei, und die Beester ließen eine Lücke. Der Schuss auf den Träger war raus, die Färse lag im Feuer. Und die Beester? Keine Regung. Sie kannten das. Der Freund gab mir die Hand. Es bedurfte keiner Worte. Wie immer in all den Jahren, die ich unter seiner Führung auf seiner Farm und auch auf weiteren Farmen in Namibia erfolgreich gejagt habe, gab es Freude über den glücklichen Ausgang unserer Pirsch. Aber, der Händedruck stand wiederum für das gesamte Erleben. Ein Händedruck, der die Erinnerung auch an dieser Jagd besiegelte. Und doch, heute war es anders. Es war das letzte Mal, dass wir auf OKANDIVI jagen konnten. Erwin und seine Frau Hanne hatten sich entschieden, die Farm zu verkaufen. Nach vielen Jahren Gastbetrieb und Rinderhaltung war der Plan, einen geruhsamen Lebensabend zu realisieren, der Auslöser für den Verkauf. Sicher nicht einfach für die beiden. Zumal viele treue Gäste traurig über diesen, absolut richtigen Entschluss waren. Der Mensch, der sein Leben lang geackert hat, muss irgendwann zur Ruhe kommen. Bevor es zu spät ist.

Die Überschrift dieses Beitrages ist übrigens ein Ausschnitt aus dem „Süd-Wester-Lied". So steht es im dritten Vers dieses Liedes. Allen Namibia-Fans sicher nicht unbekannt. Wie so vielen Namibia-Neulingen erging es auch meiner Frau und mir. Als wir vor fünfundzwanzig Jahren einen faszinierenden jagdlichen Aufenthalt bei unseren Freunden, der Familie Laborn, auf der Farm OKANDIVI beendeten, war der Abschied schwer. Somit war ein Wiedersehen ein unbedingtes Muss.

All die Jahre haben uns die vielen Reisen auf „unsere" Farm unvergessliche Erlebnisse beschert. Und ... wir haben viele Freunde überzeugen können, dieses wunderschöne Land zu besuchen. Und dort zu jagen. Viele Menschen in Namibia leben

Chefskinner Ertjies (afrikaans, sprich Erkies) mit Nachwuchs.

von der Jagd, und zahllosen Familien würde es am Nötigsten fehlen, wenn die Bemühungen sogenannter Tierschützer, die zum Teil vermutlich noch nie afrikanischen Boden betreten haben, Erfolg hätten, die Jagd dort und auch in anderen afrikanischen Ländern abzuschaffen. Die Regierung Namibias hat diesbezüglich international opponiert und Flagge gezeigt. Faszinierend! Wenn so viele Menschen von einer geregelten Hege und Bejagung der Wildbestände profitieren, kann das wohl nicht ganz falsch sein!? Natürlich hat sich in den letzten zwei Jahrzehnten sehr viel im Land verändert. Man kann diesem Land für die Zukunft nur das Beste wünschen.

Afrikanisches Wild ist hart. Das habe ich in den vielen Jahren ab und zu leidvoll erfahren müssen. Und doch kann ich hier bekunden, dass meine Freunde es immer wieder geschafft haben, Patzer

Erwin mit meiner letzten Färse.

auszubügeln. Hanns Polke hat in seinem Buch „Schwarze Passion“ geschrieben, dass eine alte afrikanische Weisheit besagt, dass, wer als Erstes in Afrika ein Warzenschwein erlegt, auch Glück auf alles andere afrikanische Wild hat. Bei mir war es allerdings ein Kudu-Bulle, der gottlob im Feuer lag. Dass es kein Warzenschwein war, hat mein afrikanisches Streckenergebnis nicht negativ beeinflussen können. Im Gegenteil. Ich bin von den zuständigen jagdlichen Göttern reichlich beschenkt worden.

Jetzt standen wir an der Färse. Ein Kreis hatte sich geschlossen. Wir luden das Stück auf den Pick-up und fuhren zu den Häusern der Farmarbeiter, um ein letztes Mal den Owambo-Mitarbeiter Ertjies abzuholen, der das Stück versorgen würde.

Die Sonne, die uns ins Herz gebrannt hat, lässt nicht zu, in Zukunft dieses herrliche Land zu meiden.

Die wunderbare, allmächtige Natur,
faszinierend im Wandel der Jahreszeiten. Immer wieder überwältigend!

Wandel!

Die Zeit an und für sich befindet sich ja immer im Wandel. Stets und ständig. Klar, dass da auch die Jägerei nicht „verschont“ bleibt. Wenn ich meine Jagdzeit, das sind fast fünfzig Jahre, Revue passieren lasse, so kann ich feststellen, dass sich, speziell was die Technik, der sich die Jägerei bedient, betrifft, viel getan hat. Ich schicke gleich vorweg, dass das Folgende ausschließlich mein Empfinden widerspiegelt. Der ein oder andere Auswischer sei mir gegönnt.

Grundsätzliches möchte ich vorausschicken, ich zitiere, nicht immer textgenau, aus dem Buch „Weidgerecht und Nachhaltig“ von Dieter Stahmann: „Weidgerechtigkeit, Brauchtum, Jagdliteratur und Jagdkunst sind eng miteinander verflochten. Sie sind als Inhalt der Jagdkultur zu verstehen. Die eigentliche Jagdtechnik und die Jagdarten (also die praktische Jagdausübung) gehören in ihren moralischen Ansprüchen zur Weidgerechtigkeit, in technischer Sicht zum Brauchtum.“ Zitat Ende. So weit der Autor Dieter Stahmann. Übrigens, ob Weidgerecht oder Waidgerecht, überlasse ich der geneigten Leserschar. Darüber ist schon viel Tinte verspritzt worden. Bei mir ist es das „Waidgerecht“. So weit, so gut.

Ich möchte mich jedoch mit der Technik befassen, die in der Nachkriegszeit bis zum heutigen Tage unsere Waffen, Ausrüstungsgegenstände und weiteren Hilfsmittel betrifft. Das ist natürlich nur ein kurzer persönlicher Blick auf diese gigantische Entwicklung. Zwar laienhaft, aber nicht praxisfern. Niemand wird ernsthaft bezweifeln, dass die richtige Waffe mit der dementsprechenden Munition wesentlich zum jagdlichen Erfolg beiträgt, ja geradezu waidgerecht ist. Die .22 lang wäre da auf den Brunfthirsch genauso makaber wie die 9,3x62 auf den Karnickelbock. Haben wir's? Wenn ich an die Kinderzeit (als Treiberjunge) zurückdenke und die Kartaunen vor mein geistiges Auge bekomme, die die Jäger nach wiedererrungener Jagdhoheit benutzten, dann kann einem noch heute angst und bange werden. Viele dieser Waffen hatten jahrelang in unterirdischen Verstecken, auf Dachböden, in hohlen Bäumen und sonst wo die Zeit während des Waffenverbotes der Siegermächte ihr Dasein gefristet. Dass das, speziell bei den vergrabenen oder stammbehüteten Exemplaren, nicht ohne Schäden abging, dürfte einleuchten. Oftmals konnte in der Eile der Zeit nicht mal mehr geeignetes Verpackungsmaterial zum Einsatz kommen. Jedoch, diese Waffen kamen wieder zum Einsatz und machten ihren Job, je nach Zustand mehr oder weniger zufriedenstellend, bis zum Zeitpunkt einer Neuanschaffung. Etliche haben aber auch ihre Besitzer überlebt und weiterhin am jagdlichen Geschehen teilgenommen. Der Boom der Neuanschaffungen ist wohl zu Beginn der sechziger Jahre anzusiedeln. Die Bevölkerung rutschte in die Zeit des sogenannten Wirtschaftswunders hinein. Schon als Treiberbengel, lange bevor ich selbst Jäger wurde, habe ich mich für die Waffen und Ausrüstung der Jäger interessiert. Manch einem der Herren bin ich seinerzeit sicher auf den Geist gegangen, wenn ich sie über ihre Ausrüstung mit meinen Fragen löcherte. Nun ja, was Hänschen nicht lernt, lernt Hans nimmermehr. War ich somit als Knirps die allgegenwärtigen Querflinten gewohnt, so musste ich mich allmählich an die sogenannten Bockdoppelflinten (heutzutage auch Bockflinten genannt) gewöhnen. Anfänglich kam für mich so eine Knarre mit übereinander liegenden Läufen ums Verrecken nicht in Frage. Ich fand das ganze Outfit des Gewehres hässlich. Und siehe da, kurz vor Beginn meiner Schießausbildung zum Jagdschein erwarb ich eine solche Flinte. Ist das zu glauben!? Der Büchsenmachermeister legte mir anfänglich ausschließlich Querflinten auf den Tisch. Tolle Flinten. Von denen sagten mir die hübschen, schlanken im Kaliber 16 am meisten zu. Die Entscheidung nahte. Und dann? Dann packte er eine bildschöne Sauer-Beretta-Bockdoppelflinte im Kaliber 12 dazu. Was denn nun, bildschön? Jawohl, ich konnte die Augen nicht mehr von dieser Waffe lassen, nahm sie immer wieder in die Hände, schlug sie auf Anraten des Meisters immer wieder an und … habe sie schlussendlich auch erworben. Habe ich in den ersten Jahren meiner jagdlichen Aktivitäten viel Zeit mit ihr verbracht und überaus viel positives Niederwildgeschehen mit ihr erlebt, so wurde es mit den schwächer werdenden Niederwildbesätzen leider immer weniger. Aber, die große Liebe ist geblieben. So ändern sich Anschauung und Empfinden des Konsumenten. Ein nicht unwesentlicher Teil, ganze Branchen am Brot zu halten.

Die Büchsen, die wir benutzen, erfahren ja gerade in den letzten Jahren einen ungeheuren Wandel an Gestalt und Einsatzmöglichkeit. Ich habe mal mit dem von Kettner umgebauten 98er im Kaliber 8x57 IS angefangen. Tolle Wumme! Auch mein jüngerer Bruder hat mit der Kanone noch jahrelang zufrieden gejagt. Es folgten diverse Modelle mit unterschiedlichen Kalibern, allerdings alle noch mit normalem Outfit. Die Schäfte, die zurzeit einige Firmen ihren Modellen verpassen, erinnern schon stark an „Star Wars“. Wem es gefällt. Ich fange hier keine Diskussion über Geschmack an. Versprochen! Nach wie vor gilt, dass die Dinger ihren Job machen müssen. Nach vielen Jahren mit verschiedenen Modellen, ob Repetierbüchsen oder Kombinierte, bin ich heutzutage wieder bei einem Repetierer angekommen, der ein 98er System hat. Und dabei bleibt es.

Ich kann mich noch an die erstaunte Frage eines alten Landarbeiters erinnern. Obwohl er kein Jäger war, war er der jagdlichen Sache sehr zugetan. Er wusste, dass ich in der Ausbildung zum Jäger, war und immer wieder musste ich ihm vom Stand der Ausbildung erzählen. „Was, ihr schießt mit einem Zielfernrohr?“ Da war ich aber mal baff! Der gute Mann war damals wohl so um die achtzig Jahre und hatte logischerweise eine ganz andere Zeit der Jagd erlebt. Zielfernrohre sind gar nicht mehr aus unserem jagdlichen Alltag wegzudenken. Habe auch ich im Laufe der Jahrzehnte zu immer höherwertigen Gläsern gegriffen, so spiegelt das ein nicht geringes Empfinden an Waidgerechtigkeit wider. Was uns heute geboten wird, stellt das ja schon wieder in den Schatten. Das, was uns an Nachtsichttechnik zur Verfügung steht, hat sich vor ein paar Jahren noch niemand träumen lassen. Ich kann mich noch an die teilweise erregten Diskussionen über den „Roten Punkt“ gut erinnern. Ist noch gar nicht lange her. Ich will nicht grundsätzlich negativ über die Nachtjagd urteilen. Das habe ich auch schon im Kapitel „Der Mond!“ ausführlich skizziert. Auch ich habe viele Jahre tolle Mond- und Schneenächte genossen. Licht musste sein. Heute braucht es das nicht mehr. Schlussendlich muss sich ein jeder selbst hinterfragen, ob das Wild nun auch noch des Nachts permanent beunruhigt werden muss. Wenn es dann irgendwann zum reinen Nachttier mutiert, dann, ja dann brauchen wir diese Technik natürlich. Aber, was das dann noch mit Jagd zu tun hat, erschließt sich mir zum jetzigen Zeitpunkt nicht. Sicher ist es einfach, die derzeitige Situation wie ASP (Afrikanische Schweinepest), angeblich überhöhte Schalenwildbestände und einiges mehr als Begründung für die Nachtjagd anzuführen, aber dann bitte mit Anstand und eben waidgerecht. Trotz aller technischen Krücken. Ich möchte dieses Kapitel und dieses Buch mit einigen Worten von Eugen Wyler, der von 1888 bis 1973 gelebt hat, beenden:

„Suche das Weidmännische nicht so weit. Du kannst alle Jagdgesetze der Welt studieren, du wirst den Kern nicht finden. Das Geistige lässt sich nicht auspunktieren. Im Weidwerk gilt hoch über allen Paragraphen das Einfache, das Elementare: das Gewissen."

Ich hoffe, verehrte Leserinnen und Leser, verehrte Jägerinnen und Jäger, dass ich Ihnen mit meinen Storys wiederum ein wenig aus dem faszinierenden Reich der Jägerei erzählen konnte. Bleiben Sie mir gewogen!

Ihr

NOCH MEHR VOM AUTOR

HEINZ ADAM

JAGEN IM CATTLE-COUNTRY

Softcover, 160 Seiten,
zahlr. s/w-Abbildungen
Format: 13,2 x 21 cm
ISBN 978-3-7888-2015-2

Faszination Namibia!
Sind Sie neugierig?

Seit nunmehr 20 Jahren reist Heinz Adam nach Namibia und hat sich, wie so viele, mit dem afrikanischen Bazillus infiziert. Ursprünglich von rein jagdlichen Interessen geleitet, hat er inzwischen auch Land und Leute erlebt. Nun gibt er seine Erfahrungen weiter. Er beschreibt die Farmjagd, wie er sie kennengelernt hat, und gibt zahlreiche Tipps, worauf man beim ersten Aufenthalt im Süden Afrikas achten sollte. Auch sehenswerte Highlights jenseits der Farmjagd kommen nicht zu kurz. Da ihm selbst nichts lästiger ist, als im Vorfeld einer Reise unzählige Tabellen und sonstige statistische Auswertungen durchzuarbeiten, verzichtet er darauf, seine Leser mit solcherlei Daten zu langweilen. Stattdessen verpackt er seine Erkenntnisse und Einsichten in unterhaltsamen Erzählungen, die Ihnen Lust darauf machen sollen, ebenfalls einmal nach Namibia zu reisen..

c/o NJN Media AG
Schwalbenweg 1 34212 Melsungen
info@neumann-neudamm.de www.neumann-neudamm.de

Heinz Adam

Jagen und Kochen in Deutsch-Südwest

Hardcover, 128 Seiten
Format: 21 x 20 cm
zahlr. farb. Abbildungen
ISBN 978-3-7888-1292-8

Namibia ist – auch ein gutes Jahrhundert nach Ende der Kolonialzeit – eines der beliebtesten Ziele deutscher Urlauber in Afrika. Obwohl deutsche Einflüsse auf die namibische Küche durchaus vorhanden sind, hat sich hier eine ganz eigenständige kulinarische Kultur entwickelt. Der Jäger und Namibia-Fan Heinz Adam hatte bei seinen vielen Aufenthalten in Deutsch-Südwest die Gelegenheit, den Geheimnissen der Köche des Landes auf die Spur zu kommen. Dabei ist ein einzigartiges Kochbuch mit exotischen und dennoch nachkochbaren Rezepten sowie unterhaltsamen Anekdoten entstanden. Mit Extra-Teil: Wo bekommt man exotische Zutaten her?

Heinz Adam

Hakahana, Jägersmann

Hardcover, 144 Seiten,
12 s/w-Abbildungen
Format: 13,2 x 21 cm
ISBN 978-3-7888-1174-7

In seiner unnachahmlichen Weise erzählt Heinz Adam in seinem dritten Buch „Hakahana, Jägersmann" von den täglichen Begebenheiten auf der Jagd. Aber warum Hakahana – was ist das überhaupt? Namibiareisenden wird es eventuell ein Begriff sein: „Mach schneller, beeil Dich, Jägersmann!" Heinz Adam ist es gelungen, um diesen Begriff, um die lästige Eile, die man auf der Jagd doch abschütteln will, einige wunderbare Erzählungen zu ranken, mit denen man sich als Jäger identifizieren kann. Dabei schreibt Adam nicht nur über das jagdliche Traumland „Deutsch-Südwest", sondern natürlich auch von heimischen Erlebnissen. Das ist jagdliche Unterhaltung auf hohem Niveau.

c/o NJN Media AG
Schwalbenweg 1 34212 Melsungen
info@neumann-neudamm.de www.neumann-neudamm.de

Heinz Adam

Ich glaub, ich brech zusammen

Hardcover, 160 Seiten
zahlr. Zeichnungen, einige s/w Fotos
Format: 13,2 x 21 cm
ISBN 978-3-7888-0830-3

Heinz Adam

Saugut!

Hardcover, 192 Seiten
zahlr. Abb.
Format: 13,2 x 21 cm
ISBN 978-3-7888-1039-9

Heinz Adam

Welpenzeit

Hardcover, 192 Seiten
44 s/w-Abbildungen
Format: 13,2 x 21 cm
ISBN 978-3-7888-1421-2

Heinz Adam

Krummes Pulver

Hardcover, 160 Seiten
14 s/w-Abbildungen
Format: 13,2 x 21 cm
ISBN 978-3-7888-1676-6

c/o NJN Media AG
Schwalbenweg 1 34212 Melsungen
info@neumann-neudamm.de www.neumann-neudamm.de